不要着急出发，用自己的方式抵达

林隆村◎著

中国纺织出版社有限公司

内 容 提 要

我们有时候会不经思考就仓促行动，有时候头脑发热就说出不该说的话，有时候为了发泄情绪而不顾后果……这只会给我们的人生带来一个结果：悔恨现在不理智的自己。而为了不让未来的我们觉得遗憾、悔恨，我们必须从现在开始学会改变、学会计划、学会调整。

本书从情绪调整、思维方式等精神层面入手，阐述行动计划、目标设定等方法，列举了大量的事例，旨在帮助那些心怀梦想、不甘平庸的人摆正心态、坚定目标、踏实行动，让他们的未来不会后悔。

图书在版编目（CIP）数据

不要着急出发，用自己的方式抵达 / 林隆村著. -- 北京：中国纺织出版社有限公司，2020.8

ISBN 978-7-5180-7212-5

Ⅰ.①不… Ⅱ.①林… Ⅲ.①情绪—自我控制—通俗读物 Ⅳ.①B842.6-49

中国版本图书馆CIP数据核字（2020）第038295号

责任编辑：赵晓红　　责任校对：王花妮　　责任印制：储志伟

中国纺织出版社有限公司出版发行

地址：北京市朝阳区百子湾东里A407号楼　邮政编码：100124

销售电话：010—67004422　传真：010—87155801

http://www.c-textilep.com

中国纺织出版社天猫旗舰店

官方微博http://weibo.com/2119887771

三河市延风印装有限公司印刷　　各地新华书店经销

2020年8月第1版第1次印刷

开本：880×1230　1/32　印张：6

字数：118千字　定价：39.80元

前言

我们每个人都曾幻想过“将来”，5年后的我们会是什么样子？是不是会有点老了？10年后的我们会是什么样子？是否应该有了属于自己的家庭和孩子？20年后的我们又该是什么样子？是否已经实现了自己的梦想？在幻想中，我们肯定能实现梦想，但是现实的我们之所以不成功，却往往在于我们缺乏将梦想付诸实践，变成现实的勇气和毅力。成长或许会很痛苦，但是不成长，却只会让自己更加痛苦。

很多时候你会觉得，现在的自己还很年轻呀，年轻的时候不玩，难道等到老了没有力气再玩吗？其实，当你看着孩子从一个婴儿长大变成小姑娘、小伙子的时候，你就会发现，原来时间真的过得很快。好似只是一眨眼的工夫。也每每在这个时候才会发现，原来我们的时光就是这样一天天地逝去的，就像是钟表的秒针，如果没有计划的话，我们就这样拖着虚影转动成无数密密麻麻的日子，最终汇聚成了时间的长河。

作为生命中的微小粒子，穷尽一生，我们其实都是在不停地寻找着可以让我们生根发芽的地方。有的人比较幸运，或许不用自己寻找，就自会有现成的位置留给他去占领；也有人还算走运，辛苦一番，很快也就找到了；还有的人运气就比较一般，兜兜转转许多年，仍旧在迷茫中打转。而我们大多数人，应该都是这样运气一般的人。因此，在奋斗的过程中， 我们才拥有了属于自己的成长，才会有属于自己的空气。

成长是孤独并且痛苦的。学会成长，我们需要面对的第一个难关就是独立，学会自己陪伴自己。有人说，没有独处过的人都是不完整的，因为只有自己一个人生活的时候，我们才会学会忘记时间，忘记曾经的过往，学会让自己渐渐地习惯一个人的精彩和孤独，然后认清自我，想明白自己是谁，想要的是什么。对于彼此而言，我们都是别人生命中的过客，只有在我们自己的生命里，我们才是绝对的主角。这种过程并不轻松，或许难以忍受，但却是现在的我们需要适应的。

学会孤独，学会与自己独处，自己的事情自己做。我们的人生其实需要用一点苦难来浸泡一下，很多时候，没有伤痛的生命往往会缺少炫彩和厚重。只有学会从苦难中借力，在隐忍中坚强，我们的生命才会越发精彩，令人沉醉。很多时候，我们厌恶苦难，但是后来我们才发现，正是苦难的存在，才让我们看尽了人世的繁华，也让我们理解了生命的本质。对于人生而言，我们不过是这过程中的旅客，于你，是一生；与它，却只是一小段路程而已。但是，需要知道的是，每一个你所浪费掉的今天，其实都是昨天那个不幸死去的人曾经奢望过的明天；每一个你所厌恶的现在，可能也都会是未来的你想回也回不去的曾经。所谓“一寸光阴一寸金，千金难买寸光阴”，千金难买的还有我们的生命，我们人生的快乐，我们人生走过的这每一个过程。

千金难买光阴，千金难买生命，只有勇敢地走过、路过、奋斗过、拼搏过，或许不能成功到达世界的顶峰，但是百年人生，不过也都只是浮云而已，只要在这过程中，我们不曾辜负自己。所以，不要让未来的自己后悔现在的自己，更不要让明天的自己暗暗苦恼现在所做出的选择。尽量不要做出让自己后悔的事情，更不要做出自己不能接受的选择。因为，我们每个人的人生不过也就只有一辈子能让我们可以用，不过也就短短几十年真正属于我们自己。所以，我们需要做的就是好好计划、好好生活、好好学习、好好努力、好好珍惜，然后向自己证明你并没有辜负自己的一生，并没有辜负属于你自己的生命的意义。而这，对于我们的人生来说，也就够了。

作者

2019年11月

目录

第1章

知道很多大道理，为什么依然过不好这一生

韩寒在电影《后会无期》中说道：“我们听过无数大道理，却依然过不好这一生。”曾几何时，我们也热血澎湃，相信自己一定能有所作为，相信人定胜天，相信努力就一定会有回报。但却又不知从什么时候开始，我们喜欢上自嘲，更是习惯于自嘲，每每听到这些话语的时候，总是会附上不屑一顾的表情，似乎在用行动向自己证明：“看，我确实就是个废材。”但其实，你我都知道，那不过是我们自我保护下的一副面具，揭开这副面具，真实的我们依旧鲜活、依旧热血、依旧澎湃、依旧激昂。我们所需做的，不过是寻找自我，对症下药。

知道再多，也不如切实去做

我们都知道，想要取得良好的工作成果，就应该努力学习不断提高自己的工作技能；我们都知道，想要拥有更加充满魅力的外表，就应该养成更加健康的生活习惯，加强锻炼；我们都知道，想要减少工作中的加班，尽可能地丰富自己的生活，就应该学会提高自己的工作效率，学会更加充分地利用现有的时间……确实，我们每个人都知道得很多，更得益于现代发达的科学技术，我们每个人懂得也很多。但是，懂得多，知道得多，却并不代表就能做得好、过得棒，这是令人无奈的事实，却也是我认为能被改变的事实。而想要改变自己身处的无奈境地，我认为只有行动起来，只有放下“知道一切”带给自己的盲目膨胀，用切实的行动去验证、去证明，才有可能脱离困境。

很多时候，当我们无法随心所欲地实现自己的愿望的时候，我们的内心往往会自暴自弃。我们会自嘲“我就是意志力薄弱，我就是没有毅力，我就是懒，我就是有性格缺陷，我就是根本不想成功……”但其实，谁会不想让自己立刻达成所愿，立刻有所成就呢？其实，与其因为“理想中的自己”和“现实中的自己”之间存在的差距而感到苦恼，不如及时发现问题所在，积极解决问题。

我们都知道发现问题其实很容易，我们也知道，只要发现了问题所在，只要想办法去解决问题就好了，但往往实际行动的时候，我们还是会发现，确实没有那么容易。然而，也正是因为没那么容易，所以我们总是很容易地就开始埋怨自己，陷入自责的恶性循环。说是自我保护也好，说是真心难受也罢。亲爱的宝贝，给自己贴上“我真的不行”这样的标签其实是毫无意义的。并且你会发现，一旦我们轻易地给自己贴上了这样的标签，再想要把这个标签摘下去就非常困难。

而这种情况基本都是由于我们错误的思维造成的，明明自己并没有任何不行的地方，却轻易地给自己做出了不行的判断。亲爱的宝贝，我想跟你说，在我们的人生中，能真正导出结果的只有“行动”。如果不采取任何行动，只是在头脑中反复地思考“我必须拥有最坚强的意志力，我必须减肥成功”等，其实是没有任何意义的，而只会给自己徒增烦恼。

亲爱的宝贝，不管是在工作中，还是在我们的生活中，能帮助我们取得成功的永远都不会是“意志”，而是意志支配下的“行动”。因此，只有积极努力地改变我们的行动，才有可能改变一切。

没有人敢说自己是完美的，因为我们都知道从没有完美无缺的人与事，但我们每个人还是希望自己能够尽量完美，能够尽可能地改掉自己的缺点实现华丽转身。于是，人生中的每一个阶段，我们都会有不同的追求，会有不同的向往。为了尽量让自己完美，我们选择努力学习英文、我们选择努力减肥、我们选择不断挑战自己未曾尝试过的事情……确实，大多数的时候可能都是以失败而告终，我们也因此不断地质疑自己、怀疑自己。但我想说，亲爱的宝贝，这并不代表什么，当我们陷入消极情绪的时候，最该做的或许并不是立刻对自己说“要振作”，而应该是让自己学会放松和休息；当我们对某一个挑战感觉到紧张想要退缩的时候，最该做的或许也并不是安慰自己“没事的”，而是学会转移我们的注意力，不以他人的成功为参照，而将自己所有的注意力都聚焦于简单而具体的行动上，用行动来解释自己内心的疑惑，用行动来证明自己选择的正确与否。

亲爱的宝贝，作为“做过多种尝试，只有少数成功”的普通人，我们每个人或多或少都会有过意志力抵抗不住诱惑的时候。就像是每年年初雄心壮志列出来的年度目标，到了年底内容不变，仅仅改掉时间，就能够毫无违和地变成下一年的新目标。这时，有人或许会抱怨：“为什么明明我也努力了，但就是做不到呢？真的是我自己有问题吗？”其实，亲爱的宝贝，这是我们每个人可能都会存在的认知偏差，设定目标时我们都坚定地认为自己能够完成，最终却懒于开始、懒于行动，这样的我们又怎么会成功，又怎么能说自己已经足够努力了呢？

亲爱的宝贝，千里之行始于足下，每天在脑海里想象一万遍，预设一万遍，也不如去立刻行动，用行动验证自己的设想，查缺补漏，慢慢成为自己想成为的那个人。

关键时刻，挺住意味着一切

坚持下去，说来是一件很容易的事情，却鲜少有人能真正做到。否则，又怎会有那么多人在感叹自己的人生似乎从没有过一帆风顺，自带男女主光环呢？其实，即便是电视剧中的男女主没想要达成某件事情，也并不是一蹴而就的。上苍有戏人之好，我们总是要经历过诸多磨难，学会坚持、学会挺住、学会忍受煎熬，才能真的获得心之所向、梦之所往。

前几天跟一个朋友聊天，朋友说到自己最近的烦恼。大意就是后悔自己上大学的时候选错了专业，工作上各种的不顺心，总是辛苦奔波在外，表面看着很光鲜，但自己对未来却一片迷茫，问我他到底应该怎么办。

说实话，其实我也不知道该怎么办，但我觉得，这个世界上仿佛只有极少数特别幸运的人能够从一开始就选对专业，毕业以后又恰好能做自己所爱的工作，同时还受领导重视、同事关爱，工作内容清闲，工资还特别高。老实说，当我打下这一行字的时候，内心对这种想法又坚定了几分，哪里来的如此幸运，就能让我们从一开始就达到心里梦想的极致呢？

小吴是我们的同龄人，并不是我的同学，而是一名宽带网络维修工。由于他上门态度极好，给我留下了非常好的印象，后来我每次搬家遇到网络问题的时候，都会直接打电话请他上门帮我维修，就连平时遇到什么棘手的网络问题，也总是会麻烦他。一来二去，小吴也就成了我的朋友，我们得空还会碰面聚聚。我听小吴说，他从小父母就离异，跟外公在一起生活，几乎每天都会工作到凌晨，因为公司规定，过了午夜，每小时就有100块的加班费，小吴为了增加收入，总是自愿加班到凌晨。

后来有一次，小吴突然询问我报考雅思的事情，因为他知道我曾经报考过。我将报考流程、注意要点全都告诉了他，顺口询问了一句："怎么忽然想要报考雅思啊，蛮难的。"小吴听了，没有多说，就挂断了电话。过了一段时间，我家的网络有点问题，我习惯性地打电话找小吴问问，小吴很快安排了时间上门来帮我维修，结束维修以后，小吴跟我说："姐，我要去新西兰读书了，以后恐怕不能上门来帮你维修了，我已经拜托了其他的同事，他很认真负责的。"我惊讶得不得了，就赶紧追问他："怎么说走就走啦？"小吴腼腆地笑了一下对我说："因为我女朋友在那里读书，我想过去陪着她。如果只是过去陪读的话，我觉得我俩之间的差距会慢慢地越来越大，所以我也要考过去，经历一样的事情，这样我们的差距才不会太大。"

我将小吴的故事说给了我的朋友，朋友听了也是面带惊讶，连声说"佩服"。确实，小吴就是我们身边的一个普通青年，他没有那么高的学历，没有强大的家庭背景，更没有大款的爸妈，甚至，他连一个选错大学专业的机会都没有，他连什么叫作“专业对口”都不太知道，但是他身上却有着我们应该学习的韧劲和坚持。亲爱的宝贝，这世上有许多别人拼尽全力想要获得的东西，或许只是你我唾手可得的东西。在你看来是极大的磨难，放在他们的身上却不痛不痒。或许我们一句话就能从父母手中要来想要的东西，他们却需要自己拼命努力赚钱去买。或许一开始，他们来到这个城市的时候，卑微得让所有人都看不见，但是这不要紧，因为他们自己看得见自己。

亲爱的宝贝，很多时候，我们总是太想一夜成名、一夜暴富，一件事情坚持3个月看不到结果，就开始抱怨起世界的不公平，抱怨起没有遇到自己的伯乐。但我想问，如果一切都该如此顺利，那什么叫作奋斗？成功为何又这么稀缺？亲爱的宝贝，奋斗并不是让我们上刀山下火海，并不是让我们集中一段时间头悬梁、锥刺股，而是让我们学会每天踏踏实实地做好手中的每一件小事，不拖拉、不抱怨、不偷懒，更不推卸责任。每天一点一滴地努力，才有可能汇集起千万的勇气，最终带着我们的坚持，引领我们到达想要的地方。听来难吗？其实并不难。或许自始至终，我们缺少的只是一种勇气，只是一种继续奋斗下去的热情，只是一种继续坚持下去的忍耐。学会超越自己，学会忍耐坚持，告诉自己：挺住，意味着一切。

成功始于计划，没有计划就是没有目标

每每说到计划的时候，我都会想：有规划的人生和没有规划的人生，差别到底会有多大？总有人对我说：“何必要那么辛苦呢？一个女孩子家家的，安安稳稳地上班不就很好吗？让自己那么辛苦干什么呢？”似乎在他们眼中，为自己的未来做好规划，按照设想一步步前进就是错误，就是多余，而什么规划也不做，得过且过才是正途，因为计划总是赶不上变化。那事实果真如此吗？

每年高考的时候，许多家长群里都会讨论自己家孩子以后的升学打算。有说自己家孩子一定要找一个热门的专业，这样将来一定能找到一份很不错的工作，过上很不错的生活；也有的父母说，现在想这些有啥用啊，等娃先考上了再说，现在提前想也是白搭。每当这样的言论出来的时候，总是会有其他的家长在那里附和：“对，等考上了985、211，不管什么专业，以后工作都不愁。”更有甚者，认为自己家的姑娘作为一个女孩，早就注定了她将来的专业必定是师范类……总而言之，在孩子考前就对他的未来有明确规划的家长少之又少，大多数的家长都没有自己的主见，而等到必须要自己抉择的时候，他们往往会选择随大流，认为这绝对是最稳妥、最安全的选择。然而，事实真的如此吗？

曾经有这么一个小姑娘，18岁以前是从不知道计划为何

物，更不知道自己真正想要的人生是怎么样的。她每天的生活很简单，也很丰富，不是在艺校里跟其他同学一起唱歌跳舞，就是偶尔出去拍拍戏。只要有导演能找她，无论是多小的角色，女孩都会很兴奋，很开心地去完成。

某一天，教她专业课的赵老师突然找她谈话，询问她："你能告诉我你对自己将来的打算吗？"女孩怔了一下，有点懵。老师见状又问她："你对你现在的生活满意吗？"女孩想了想，最终摇了摇头。老师笑了："不满意的话，证明你还是有救的。你现在想想，你希望10年以后的自己会是什么样的？"女孩想了一会儿最终说道："我希望10年以后自己能成为一个最棒的女演员，同时还能发行一张自己的音乐专辑。"老师听罢，问她："这个梦想并不简单哦，你真的确定好要这么做了吗？"女孩慢慢咬紧嘴唇说："是"。"好，既然你已经明确好了10年以后的目标，那我们就按照你这个目标来往前倒推一下，10年以后你就是28岁，那时你已经成了一个最棒的女演员，还发行了一张属于自己的音乐专辑。那么，你27岁的时候除了接拍各种名导演的戏以外，一定还要有一个完整的音乐作品，能拿给很多很多的唱片公司听，对不对？""那么在你25岁的时候，在演艺事业上，你一定是有着很多的学习经历和自己的思考的。在音乐方面，你也一定需要有很棒的音乐作品开始录制了。好，我们接着往前推，按照这样的进展，23岁的时候，你必须要让自己接受各种各样的培训和训练，不光包括肢体上的，还应该包括音乐上的。那么，继续往前，看看20岁的时候，那时候的你应该要学会开始作词作曲，并让自己能够在演戏方面接拍大一点的角色了吧……”老师说得很轻松，女孩却对此感受到了一种恐惧。按照这样的规划倒推下来，女孩应该马上开始为自己的梦想做准备了。但是此刻的她却什么准备都没有，不光什么都不会，什么都没想过，自己还会为能接拍到一些小丫鬟的角色而沾沾自喜。就在这忽然之间，她感受到了前所未有的紧张和压力，怀疑自己是否能真的承受住。老师看到她的样子，平静地说：“要知道，你是一个好苗子，所以老师很希望你能获得成功。但是照目前来看，你对自己的人生缺少相应的规划，没有相应的目标，最终只会让你迷失掉自己的方向。现在如果你已经确定了目标，那就希望你能从现在就开始去做。”

后来，10年的时间过去了。不知道是偶然还是必然，女孩竟然真的有了一张属于自己的第一张专辑——《夏天》。而这个女孩，就是现在红遍祖国大江南北的影视歌三栖明星——周迅。毫无疑问，周迅能取得现在这样多的成就，与她当初时刻牢记老师的话，孜孜以求，不断奋斗有关系。

或许看到这里，你会感叹周迅的幸运，感叹她遇到了一个这么好的老师，但其实，亲爱的宝贝，从本质上来说，规划、计划才是我们最重要的人生导师。目标对我们每个人的人生其实都有着一个巨大的导向性作用。很多时候，成功在一开始的时候，其实也就是一个选择，正是有了这个选择，明确了自我努力的方向和前方的目标，才驱动着我们产生了明确的行动，最终获得了对应的成就和人生。有规划的人，做任何事情的时候，内心其实都有一张地图，知道自己该往哪个方向去，知道自己的每一个站点在哪里，自己应该做些什么。而我想，这便是有规划的人和没有规划的人之间最大的差别，就好像是两艘同时行驶在海洋中的船，有规划的船就犹如有了明确的海图，已经提前预知了些许的风险，明确了礁石的位置，在即将遇上的时候早早躲开，而没有规划的船就像没有海图的指引只能随风漂荡。没有人说没有海图的船到不了彼岸，只是这途中会遇到的风险和未知会数不胜数，等到登陆以后，或许才会发现：其实，彼岸的风光并不是自己想要的，而时光已然逝去，没有后悔之法。

面对失败，不要轻言放弃

前段时间的某一天，我加班到凌晨打车回家，出租车司机跟我搭话："才下班啊，真辛苦。"我回答他："是啊，师傅你不还没下班吗？"司机听了哈哈一笑，他知道，我这是在与他共情。每个人的人生都不容易，我们总要让自己活的有一些"奔头"，才能支撑着自己更好的走下去。

跟朋友聊天的时候，我们总是会谈到各自最为伤感的时候，有一个女性朋友曾经说过：当自己突然查出来怀孕时，老公却突然被公司裁掉了。自己因为怀孕，原先的升职加薪也成了泡影，突然之间自己就没有了安全感，整个人变得无比焦虑。另一个朋友说道：跟男朋友谈了一年多结婚了，结婚9个月以后，自己怀孕了，却因为一些事情跟老公吵了架，负气离家出走，老公隔了个把星期才来找自己，原因还是他赌博输了，想让她帮他还钱……听朋友们说着说着，我也不禁想起自己当时考研的过往：当时的我执拗于一所大学，觉得自己只有进了那所大学读研就死而无憾了。于是，前两次的考研，当距离那个大学的分数还有一步之遥的时候，我毫不犹豫地选择了再考。然而，第三年的考研，又以两分之差落榜，朋友和家人都劝我，就上其他差不多的大学得了，何必非要执拗于这所大学，但那时的我实在是不甘心自己这三年的付出就这么放弃，毅然决然地选择了第四次考研……

确实，有时候当自己遇到这些糟心事的时候，真心觉得自己就是这个世界上最大的倒霉蛋，但是当你抬起头来环顾四周的时候，你会发现其实谁都难免会遭遇到这样那样的烦心事，我们每个人都是在属于自己的人生中度过一个又一个劫难的，明白了这一点，或许未来的人生也就不会这么自苦了。

想起前年底的时候，我决定从公司离职，但是新工作的寻找过程并没有我想象的顺利。于是，我并没有跟父母讲我离职的这件事情，怕他们过多地询问，更怕他们为我的事情又过多地操心。后来，他们打来电话的时候问我下班了吗？我对着一堆招聘信息说："在回家的路上了。"说完，眼泪就很不争气地往下掉，父母感受到了我的异常，询问我怎么了，我尽量憋住哭腔对我爸说："没事，就是突然好想一夜暴富啊，太累了。"本想缓和一下有点悲伤的气氛，跟我爸调侃一下，没想到我爸却一本正经地回答我："闺女，我知道你很累，但是你再坚持一会儿，我和你妈已经在努力为你创造更好的生活条件了。"然后，他们把最近做的一些有利于增加家庭营收的安排事项都跟我讲了一遍。那一瞬间，老实说，心里那种相信自己一定能越来越好的信念变得无比清晰和坚定。已经过了不惑之年的父母还在为了我的将来而努力，我又有什么理由轻言放弃。

突然想起高考前老师送别我们的时候曾经说过的一番话："坚持很辛苦，但是你们有没有想过，为什么我们还是不会放弃？"老师对我们说："一代人的努力会影响三代人，你的努力能够让你自己变得更好，然后去遇见更好的人；你的努力可以让你的父母不再为你操心，也可以让他们不再省吃俭用，不再这么辛苦；更可以为你未来的伴侣和小孩提供更好的生活环境，让他们以后可以稍微轻松一点儿……"这番话深深地留在了我的脑海里，每当我遇到失败想要放弃的时候，总是会用这番话再警醒一下自己。亲爱的宝贝，你看，放弃的理由或许只有一个“太累了，不想再这么辛苦了”，但是能让我们再坚持一下的理由却有很多。当你知道自己身边一群爱你的人还在奋斗的时候，又凭什么心安理得地幻想着岁月静好，自己却不去努力呢？

亲爱的宝贝，时间从不可逆，你也知道，这世界上根本没有后悔药。当你说出自己太累了不想再继续辛苦下去的时候，其实你也回不到当初的起点了。你此刻的放弃其实能影响的只有你的未来，而想要成为一个成功者，我想首先必须是让自己成为一名坚持者。就像我一直很喜欢的一句话描述的这样：“当你感觉到自己的生活很困难的时候，往往你是在走上坡路。”

亲爱的宝贝，失败从不可怕，可怕的是我们没有继续奋斗下去的勇气，可怕的是我们就此选择了放弃。当我们和命运交手的时候，悲观消极的人往往觉得是一局定胜负，但其实，亲爱的宝贝，人生的规则一直把握在我们自己的手中，你可以选择一局定输赢，更可以选择三局两胜，实在不行还有五局三胜……其实只要你想，只要我们学会坚持，一定会有那么一个节点，生活和命运会对我们无可奈何，然后我们的生活就会从礁石丛生的险滩进入风平浪静的港湾。

追求成功，有时也要懂得放下

从小我们就学了“鱼和熊掌不可兼得”，那时的我们似乎听懂了，从不反驳。等到长大之后，却从不肯轻易放手鱼或者是熊掌。生活在现在这个物欲横流的世界中，我们总是什么都想要，什么都不想放弃，直到最后什么都得不到。殊不知，学会放弃是一种智慧，人生总是有舍才有得。

孟子曾经说过：“鱼，我所欲也，熊掌，亦我所欲也；二者不可得兼，舍鱼而取熊掌也。生，亦我所欲也，义，亦我所欲也；二者不可得兼，舍生而取义者也。”从古至今，我们总是会遇到两难的情况，陷入两难的境地，不管选择哪种情况似乎都会让我们感到遗憾。这时，其实只是我们搞错了方式，想错了模式。人生在世，我们的内心总会充满不同的欲望，处在人生的不同阶段，我们也会拥有不同的追求。当我们的欲望得不到满足，追求得不到实现的时候，我们的内心往往会充满遗憾、充满后悔，但其实，你没有发现，很多时候，我们往往都是为了追求一件事情或物体而不舍得放弃一些辅助的条件和因素，因为我们总是什么都想要，所以精力太分散，还不想承担失败的风险，自以为是地想要将面临的风险降到最低。于是，最终的结果就是适得其反。

但其实，我们需要知道的是：很多时候，学会舍弃、学会认输、学会接受真实的生活其实是我们最需要拥有的智慧。很多时候，我们并没有自己想象中那么优秀，很多在事情开始之前立下的雄心壮志在真的实施的时候才会发现自己的设想与实际条件之间差距很大。这时，只有学会接受并不完美的自己，坦然地面对自己已经遇到的挫折，才是我们最需要掌握的智慧，也是我们活得开心与豁然开朗的关键。当事情难以两全其美的时候，亲爱的宝贝，不要急着懊恼，更不要急着哭泣，告诉自己不要过于执拗，学会放弃其中的一项，珍惜选择好的另一项，我们的人生顿时就会豁然开朗。因为，放弃有时也是一种成长，只有学会舍弃旧有的，才能有机会看到新鲜的。

亲爱的宝贝，我想很多时候，舍弃之所以很难做到，是因为它总是代表着失败，总是代表着认输，而我们接受的教育让我们相信人力定能改变命运，相信只要死磕就一定会有成效。

亲爱的宝贝，死磕式的坚持固然会有一定的成效，但却并不值得推崇，我们值得让自己拥有更加美好的生活、更加从容的态度、更加优雅的获得。我们需要学会百折不挠，需要拥有坚定的意志和坚强的毅力向着目标而前进和奋斗。但是，亲爱的宝贝，我们更应该知道，真正的强者，从不是绝不认输，而是敢于认输、敢于舍弃、敢于重新开始。

我曾经有过一个好朋友，他追求了一个女生有七八年的时间，但是却一直没有任何进展。之前，每当我劝他的时候，他总是不想放弃，因为他认为自己在这段感情里付出了很多，而付出越多越是舍不得放弃。但是后来的某一天，或许真的是累到了极点吧，他突然跟我说自己决定放弃了。后来，不到半年，我又听到他跟我说遇到了一个更适合自己的女孩，那个女孩也很喜欢他，他们准备交往并一起走向婚姻。你看，亲爱的宝贝，人生有时候就是这么爱捉弄人，只有首先学会舍弃，它才会给你送上新的真正属于你的幸福。由此，亲爱的宝贝，希望你能认同：舍弃，从某种程度上来说，并不代表着懦弱，当你面对内心的不合适的时候，不妨学会放下，学会舍弃，换个思路，说不定你会找到一条更加适合你的道路，获得追求的成功。而这样的舍弃，并不是为了真的放弃，而是认同舍得的真谛，舍弃不适合的，最终得到真正适合的。

亲爱的宝贝，我们每个人就像是行走在荒漠中的行者，只有学会该在什么时候扔掉过重的行囊、减轻负担、保存体力，才能努力走出困境最终成功穿越荒漠。亲爱的宝贝，有句话叫作“拿得起，放得下”。换言之，其实只有放下了，腾出我们的双手，我们才能重新拿起。我们的一生中会遇到许多的人与事，会拥有很多的财富和垃圾，有人说，垃圾也是放错地方的资源，我们也可以留着以防万一。亲爱的宝贝，垃圾在艺术家的手中，可能是放错地方的资源，但是在你我这样的平凡人手中，没有改变的能力，垃圾也永远只能是垃圾。只有该扔的时候狠下决心舍弃，才能为我们保留足够良好的生存环境。否则，连生存都不能保证的坚持，又有何意义呢？

第2章

别在该动脑子的时候动感情

山外有山，人外有人。人生在世，我们每个人都有自己的优势和劣势。但很多时候，真正能困住我们的往往并不是劣势本身，而是我们对待它的态度。多少时候，明明不该动感情，我们却从个人的观点出发，对自己胡乱猜测，自暴自弃，最终一败涂地。其实，亲爱的宝贝，当你学会不妄自菲薄，不自暴自弃，勇敢地正视自己的不足，用自己的行动一点点克服自己身上的缺点，终有一天，你所认为的劣势就会变成你的优势。

愿意把自己叫醒的人最有勇气

莫言曾经说过：“交通的便捷使人们失去了旅游的快乐，通讯的快捷使人们失去了通信的幸福，事物的过剩使人们失去了吃的滋味，性的易得使人们失去了恋爱的能力。”确实，时代在不断地发展，我们的生活也在变得越来越好，拥有了比以往任何一个年代都更加便捷高级的科技，我们的诸多生活方式也在悄然改变。而最可怕的却是现代病毒式的营销手段带给我们的各种蝇头小利让我们乐此不疲地沉迷于别人的赠送、给予和施舍中，不光让人们滋生了无数不劳而获的惰性，更在无形中失去了某些行为进行劳动创造的意义。当然，这并不是在质疑我们这个时代的发展，而只是想更加客观地分析如今这个快节奏文化的社会在带给了我们便捷的同时，又让我们失去了什么，付出了什么样的代价，以及我们应该如何去调整。

曾经听朋友讲起过他做国际义工期间发生的一个故事，内心有很多感触。当时，朋友和其他一群志愿者在组织的安排下一起跑到非洲中东部的卢旺达去做慈善。当时的他们就坐在运送物品的卡车上，跟随卡车一起到达了当地。朋友说，当卡车停下的那一瞬间，看到一群瘦骨嶙峋、衣不蔽体的黑人小男孩向他们跑来的时候，他立刻动了怜悯之心，转身就去车内拿了物品准备分给这些小男孩。然而，就在他们转身准备将物品给这些男孩的时候，却遭到了一位美国义工的大声呵斥。朋友一下愣住了，有点懵。

只见这位美国义工俯下身来对孩子们说道："你们好，我们从很远的地方来，车上有很多的东西需要我们搬下来，你们能帮我们搬下来吗？东西全部都搬完以后，我们会给你们付报酬的，请问可以吗？"男孩们欣然答应，开始兴致勃勃地同他们一起从车上往下搬东西。东西全部都卸下来以后，这位美国义工给这些男孩们每人发了一桶饼干和一床棉被，并告诉他们："非常感谢你们的帮助，这就是你们获得的报酬。"男孩们都很开心地拿着物品离开了。朋友看在眼里，若有所思。

晚上，这位美国义工向朋友道歉："对不起，我为我早上的态度向你道歉，我不应该这么大声地对你说话，但是希望你能理解我的心情。你知道吗？这里的孩子生活在贫困当中并不是他们的过错，可若是你轻而易举地就把东西给了他们，让他们以为就是可以依靠自己的贫穷而不劳而获，甚至变成他们谋生的手段，日后他们只会更加贫穷。而这，就是我们这些人所做下的错事了。"

朋友说，这段经历以及美国义工的这个举动让他思考了很多，有关中美文化的差异，有关两国不同的教育理念，更重要的是，这理念带给他有关生活和生命的思考。而今，我们常常会把简单的给予和施舍当成慈善，而如今的各种营销手段更是着意于培养用户的各种消费习惯，拼命砸资本用于各种促销、各种免费赠送，让更多的人越来越习惯于将各种促销、各种各样的便宜当成一种会生活的技巧。甚至很多时候，有多少人仅仅为了赠送、为了返利、为了红包去买一些不需要的东西，还将这些当成时尚广而告之，甚至互相攀比，得意于自己琢磨出的钻漏洞妙招。

但其实，亲爱的宝贝，你我都知道，在这个世界上，尤其是在商业上，怎么会有天上掉馅饼的好事呢？我们不过是活在其中，被当成别人推广传播的棋子进入他们的规划中而已。或许，一次两次的小小获得确实能让我们心生欢喜，毕竟没有人会不喜欢免费的礼物。但是，亲爱的宝贝，如果一直让自己沉迷其中，整天思考该如何最大限度地不劳而获，却是万分危险的。

亲爱的宝贝，生活本就是一场逆水行舟，不进则退，不劳则穷的游戏。我们必须亮亮堂堂、勤勤恳恳、坦坦荡荡地勇往直前，即便这样的我们会更加辛苦，但也一定能得到更多内心的富足，锻炼出我们真正的能力和技术。而这，才是我们赖以生存并持续发展的命脉所在。因此，亲爱的宝贝，希望你能记住：人生路上，永远不要沉迷在一片不属于自己的风景里，要知道，驻足不前，沉迷其中，最终只会让我们自己错失掉更多的精彩。

失败并不意味着放弃

亲爱的宝贝，对一个人是否拥有勇气的最大考验，莫过于看他是否能做到败而不馁。就像世界名著《老人与海》中的描述一样，老人出海顺利捕捉到了一条大鱼，这条大鱼非常硕大，仅次于海中的鲨鱼。鱼太大了，大到老人的船里根本放不下这条鱼，老人只好将这条大鱼绑在小船的后面，借助水的力量将这条大鱼一起带回家。没想到，大鱼拖慢了小船的前进速度，并且老人很不幸地在回去的路上遇到了一条大鲨鱼。鲨鱼想吃掉老人船边的大鱼，老人自然是不肯的，就拿着船上仅有的鱼叉同大鲨鱼进行搏斗。幸运的是，老人虽然在和鲨鱼搏斗的过程中受了伤，但是却成功地杀死了鲨鱼，保留住了船边的大鱼。但是此刻，天色已晚，大鲨鱼虽然死了，却将船边的大鱼咬下了三分之一，大鱼流出来的鲜血肆意流淌，为老人招来了更多的鲨鱼。而更糟糕的是，老人现在已经连武器都没有了，境遇比之前更加危险。他很清楚自己会遇到难以想象的危险，而且他也知道自己没有退路，别无选择。“好汉不是为失败而生的，”老人心里默念，“好汉可以被毁灭，却绝不能被打败。”老人的双手已经痛得不听使唤，却仍旧选择牢牢地握着绑有小刀的船桨，强忍着疼痛和鲨鱼缠斗，好不容易才捅死了它们。但是，更多的鲨鱼却循着味道游过来了。老人举起船桨将上面的刀用力地插进了一条鲨鱼的大脑，鲨鱼疼痛得开始打滚，猛然间后退将刀刃弄断了。可怜的老人这时候只剩下了两支船桨、船舵和船上的一根短木棒。老人几乎就要被打垮了。他想，我太老了，没法敲死它们，但是我还是决定要试试看。到了日落的时候，又有几条柠檬鲨朝着小船并列而来，老人挥舞着木棒，猛然敲击它们的头部，直到鲨鱼游走。这时，老人拼命保护的大鱼的鱼肉已经被咬得只剩下一半了。

天色越来越黑，老人终于看到了远方城市的灯光，但是却还得再穿过一个鲨鱼的聚集地。眼看着鲨鱼成群结队地游过来，争相撕咬大鱼身上的肉，老人警惕防备，在黑暗中凭着感觉用木棒与它们战斗。木棒被咬碎了，他又猛地将船舵柄扭下来，用它乱打乱砍……尽管老人顽强地战斗到了最后一刻，船边的大鱼却还是被啃光了，只剩下了一副鱼骨架。

看到这里，我们总是为老人感到可惜。他九死一生，遍体鳞伤，最后回到家的时候却还是一无所获，两手空空，可以说是失败得非常彻底。以前的我总是想，如果是我本人遇到这种情况，眼看着自己之前的所有付出全都化成了泡影，或许再也不愿意出海，让自己回忆这么惨败的经历了。但现在，我经常在想，这样的结果就一定是失败吗？老人的成功与否的标准就只能从大鱼是否被保留下来的这个结果来判断吗？

其实，尽管老人没有带回任何物质上的东西，但在精神上，他却取得了绝对的胜利。根据书中的描述，老人回到小镇上以后，镇上的渔夫和游客都围绕着大鱼的残骸啧啧称奇。老人回到家中，还准备养好伤后和一个男孩再次出海。就像是老人自己曾经说过的那样："好汉可以被毁灭，却绝对不会被打败。"老人在自己的梦中又梦到了象征勇气的狮子，梦中的他依旧还是那个很多年前坚强乐观的硬汉。

亲爱的宝贝，我们的人生就如同变幻莫测的大海，时而平静美好，能为你带来无限的收获。时而却又掀起狂风骇浪，让你身陷险境。人生在世，我们每个人都有一个美好而又看似遥不可及的目标，就像是老人拼尽全力想要带回来的那条大鱼，遇上了残酷的鲨鱼，就是无法摆脱的一个悲剧。而面对这样的现实，如果我们从一开始就选择了放弃，那也就不会有"老人与海"这么精彩的故事了。我想，我们能做的，只有坚持。学会坚持不懈地奋斗，学会积极地与生活对抗，学会坚强努力，战胜自己。

亲爱的宝贝，人生在世，与生活的抗争，在本质上其实就是与自我的抗争。在这场战役中，我们可以接受失败，因为失败是我们每个人的必经之路，从不可耻。但我们绝不允许自己中途放弃，只有勇敢执着地不断迎难而上，命运才有可能真正地掌握在我们自己的手中。

没有谁必须成为谁的依靠

工作的时候，似乎每个单位都能遇上这样一个人：每一个同事都认为他能力强、素质高、工作责任心极强，凡事都是他挑大梁。领导有什么事情都是直接吩咐给他，因为把事交给他办特别放心，做什么事情都离不开他。当然，他本人也会这么觉得，也会觉得自己特别重要，不舍得休息，不舍得放弃单位里的一切，觉得单位恐怕真的很难离开他。而这，本身并不是一件坏事，但却坏在这事带给一个人的自我压力和束缚。因为觉得单位离不开自己，自己的合理休假便觉得是一种不负责任，因而他们也就动不动就要舍弃一些自己的利益，小到每日下班后的时间，大到合理的休假时间。毕竟，单位离不开自己，自然就要多干点活，而时间这么少，也就只能利用本该休息的时间多辛苦一下了。

大刘，曾经就是这样一种人，他是我们单位公认的抓基层的一名好同志。不光个人能力素质没的说，工作劲头很足，责任心也非常的强。后来，大刘被任命为单位抓基层的主管。有一次，大刘的家人大老远地过来看望他，但是当天恰逢他抓基层工作的关键时刻，大刘竟连家属的面都没有见上。周围的同志都表示无法理解，纷纷劝大刘注意休息，大刘却一副无可奈何的模样。同志们见劝阻无效，也就不再多言了。每次休假的时候是我们最为轻松的时候，却是大刘最为煎熬的时候。大刘会不断地纠结，纠结于自己不在了，单位怎么办，会不会出什么问题。

当然，大刘的辛苦付出也算是有了回报，在基层坚持工作了3年以后，上级决定对他进行调职。然而，在他将要调职的时候，单位的领导却也是很为难。为难的是大刘调走了，剩下的这些人由谁来带呢？现有的这些人缺少了大刘这个领头羊，会不会一下子都乱套了呢？当然，担忧归担忧，调职的任命既然已经下来就不能再更改，大刘依照调令去了新的岗位。原先单位内的主管被调整以后，一切都还是照常在发展，无论当时大刘的担心还是单位领导的担心，事实证明，原以为的离不开，不过是一种多余的自以为是。

大刘去了新的岗位以后，仍然成了一个无法离开的人。直到有一天，大刘被通知确定转业了……而就在通知下来的前一天，大刘还在训练场上，负责那个他认为只有自己才能完成的科目汇报任务……

我想，大概我们每个人都会有渴望被重视的情感需求，而所谓的单位离不开，自己走不开，这样的想法不过是在某种程度上满足了自己这份难得的情感需求而已。很多时候，仔细想想，其实你认为的单位离不开你，并不是由于你的无法替代，而只是一些工作的暂时被影响，暂时被搁置而已。其实，长远来看，亲爱的宝贝，任何事物的发展前进都不会因为个人的离开而就此停止，你的离开对于你的人生确实是离开，而对于单位来说，其实不过是留下了一些故事而已。

亲爱的宝贝，很多时候，你自认为的离不开，在某种程度上其实只是一种自我感觉良好的自恋罢了。就像是我们在生活中经常开玩笑说的：地球离开了谁都照样转。确实，我们个人的能力不管再强、再高，放在整个集体面前，也都只是一个渺小的存在。作为平凡而普通的人类，我们确实有被需要被重视的感觉，也会有个别人需要满足自我的自恋心理。但是，亲爱的宝贝，过分的自恋就会变成自大，过度的被需要连累的也只会是某个个人，而不是一个集体。对于浩瀚的宇宙和滚滚的历史长河来说，我们每一个人不过都是这其中的一粒小小的尘埃，从没有谁是必不可少的。

由此，亲爱的宝贝，欠自己的旅行，欠自己的那些小小的梦想，都抓紧时间和机会快快实现吧。不管是自己的房子，还是所谓的离不开的没有办法，不过都是自我绑架的一个借口，归根结底不过都是自我的想不开和放不下。因此，亲爱的宝贝，无论是对一个人、一件事还是一个物品，都无须有太多的执念，因为人生中的所有所得，即便是属于我们的，也不过是暂时属于而已，最终的它们于我们任何人而言，不过都是身外之物。

想成功就要对自己狠一点

“从明天开始，我要减肥，每天少吃点，并且一定要跑步3公里。”

“从明天开始，我一定要早睡早起，坚持锻炼身体，增强体质。”

“从明天开始，我一定要坚持睡前一个小时读书，然后每周读上一本书，写上一篇文章。”

“从明天开始，我一定要早点起床，早点出门，再也不迟到。”

……

很多时候，我们都会有这样那样的各种承诺，但总是在很短的时间以后又都变成了没有然后，没有下文。因为，我们总是渴望更加美好的生活，向往自己能变得更加优秀，因而我们总是会在某个阶段对自我的现状做出反省，表示出不满，但很多时候，我们却总是缺少了那么一点，缺少了对自己的那一股狠劲。因此，这世上的成功才会变得如此稀缺。其实，很多时候，只要下定决心对自己狠一点，说出口的话语坚定地作数，制订好的计划坚持执行，往往就会有截然不同的效果。

前段时间，我加入了一个有关时间管理的微信群，群里每天晚上到了11点就会开始全员禁言的模式，直到第二天早晨才开放。后来，看了群里的留言记录，发现很多人都是凌晨四五点起床，然后开始安排自己的一天。群里的很多成员都是10点之前就会上床睡觉，而全员禁言的目的也是督促大家晚上早点休息，少说废话。观察了一段时间，发现坚持真的并不是一件容易的事情。开始，大家都是早起打个卡，然后分享一下自己一会儿要做的事情。后来就变成了光打卡，不分享。再后来，就连打卡的人也变得越来越少。一直在坚持的人屈指可数。

在这场打卡的马拉松战里，我特别佩服的就是一位职场妈妈，她每天都会把自己当天要做的事项列成一张表格和大家一起分享：4点起床打卡、洗漱时听轻音乐、晨间唤醒瑜伽、晨读、写作、给孩子做早餐、练习英语听力、送孩子上学、上班……看到这位职场妈妈的日程安排，作为一个了无牵挂的单身汉，却经常因为种种理由将自己的计划打败。对此，我的内心充满了羞愧，便向这位职场妈妈请教是怎么做到的职场家庭兼顾，同时还能坚持早起修炼自我。后来，她的回答很简单：“没有什么特别好的办法，就是对自己狠一点。”后来，我才知道，这位妈妈就算是在职场里面也是一名佼佼者，几乎月月刷新自己的业绩纪录。翻看了她的朋友圈，才知道他们公司因为她表现卓越，上年度还奖励了她一辆车。

亲爱的宝贝，如你所见，我们精彩的人生从来都不是别人给予的，而是依靠自己争取而来的。很多时候，我们总是羡慕别人的美好生活，羡慕别人的所有幸运。殊不知，我们早已在不知不觉中慢慢丢掉了自己。

亲爱的宝贝，对自己狠一点，成功离我们就会近一点，我们的生活便也会多一个选择。大三的时候，有一个同学后知后觉地发现自己对我们本专业并不是很感兴趣，而对软件编程更加感兴趣。便很想学习这方面的东西，希望毕业以后自己能从事软件编程工作，而非学了已经3年多的本专业。还有一年时间我们就毕业了，甚至有些同学已经开始着手寻找自己实习的公司了。而他在这个时候却准备转专业从头开始，我们很多人都表示不太理解。短短一年时间很快就过去了，6月真正毕业的时候，班里的同学包括我在内，大部分都找了与自己本专业相关的一些工作，或者有的干脆随便先找了一份工作对付一阵，而只有他，不光真的跨行业、跨专业就业，工资也比大部分的同学高很多，很多同学得知后都觉得他运气特别好。但我知道，他并不是运气好。

从一个完全陌生的领域入手，最初遇到的艰难会有多少，我想，只有真正经历过的人才会清楚。每当我们在休息的时候，他都在拼命恶补代码知识；每当我们闲聊的时候，他都在尝试编写代码；每当我们玩游戏刷朋友圈刷微博的时候，他还是在钻心研究代码。他把别人拿来玩的时间用来学习，他付出别人双倍的时间和精力，就凭借这样的自律和对自己的狠劲，他又有什么理由不成功呢？

亲爱的宝贝，不要轻易将别人的成功归结于他的运气或偶然，而要学会看到他们成功背后付出的努力。确实，有些成功的背后不排除有运气的成分，但是任何成功的前提终归还是需要有足够的实力。就像人们常说的，成功永远都只留给那些有准备的人。很多时候，即便你运气良好，却没有足够的能力作为依托，又怎么能获得成功呢？亲爱的宝贝，希望你能牢记：

如果我们做不到对自己狠一点，生活就会对我们狠一点。而我们主动对自己狠一点，生活往往就会对我们温柔很多。

对自己狠好过别人对你狠

记得去年的“双11”晚上，我正捧着手机紧锣密鼓地往购物车里加件，突然收到了一条来自爱酱的微信：“快祝我光棍节快乐吧。”我一看表，零点刚刚过了一分钟。迅速地剁完手，看到心仪的宝贝已经变成了“待发货”，我便安然地开始回复爱酱的微信：“别逗了，我刚刚剁完手，你买了啥？”因为我分明记得就在前几天，她还一脸甜蜜地跟我说要去见男方的父母了，一定要趁着这次“双11”多买两件心仪的战袍。“没跟你开玩笑，我说真的，我们真的已经分手了。”爱酱一本正经地发语音回复我。

爱酱和男友是在学校读研期间认识的，毕业以后，她去了深圳上班，而男友选择了回老家。他们原本打算毕业以后就结婚，但是却因为男方父母的阻挠而没有成功。他男友是个典型的妈宝男，毕业以后就听从他妈妈的安排，家里托人找关系，进了家乡的一个事业单位上班，月薪4000，旱涝保收，足够稳定。他的父母将他准备结婚的房子和车子都准备好了，就缺一个女主人。他妈妈希望他能找一个老家的女孩做媳妇，如果非得是外地的，那么稳定一点、乖一点的也可以，结婚以后安稳地生娃过日子就好了。但是爱酱却偏偏是个将野心写在脸上的鸡血女，不仅从来都是敢想敢做，不服输，更是推崇努力拼搏才能过上自己想要的生活。一开始，爱酱非常希望男友能跟着他一起去深圳，而不是一辈子都待在老家过一眼就能望到头的生活。而她的男友却一直都在犹豫，为了爱情想要离去，却又贪恋安稳，舍不得丢下父母安排好的一切，于是只能苦苦挣扎。

爱酱刚开始工作的那段时间，加班是常态，并且为了节省房租，在距离上班很远的地方租了一间房间，每天光花在路上的时间来回就要4个小时。爱酱只能逼迫自己早起，牺牲掉自己很多的睡眠时间，长此以往，爱酱的身体渐渐有些吃不消了 。刚开始，爱酱总是喜欢跟男友吐槽一下自己现在的辛苦，希望男友能给自己点安慰。没想到，男友每次听到后都是给她泼冷水，不是劝她回到他的老家，就是嘲讽她这一切的辛苦都是她自找的，最终的目的还是想让她赶紧回来不要再在外面瞎折腾。但在爱酱看来，这份工作却一直见证着她的成长，也是一个能让她在深圳安身立命的机会。没有人知道她为了做好这份工作在背后付出了什么，她绝不会轻易放弃。直到后来，爱酱还是选择了主动说分手。临走的时候，她男友对她说："没想到你这么狠心，我们各自珍重吧。"听到男方的话语和评价，爱酱虽然难过，却更加坚定了想要分手的决心。爱酱说他从来只会要求别人，而不会要求自己。他也从不询问她想要些什么，只关心自己想要些什么。这样的爱情，原本就是不公平的，能维持到今天，不过是一方在努力迁就另一方而已。

亲爱的宝贝，真正的爱情，从不是委曲求全，而是两个人的共同成长，一同望向同一个地方，向着同一个目标而努力。而狠心的女子，所谓的坏女人，从来不是心肠有多坏，只是对自己的要求更高，不愿苟且、不想妥协、不去将就而已。就像现在的爱酱，作为她男友口中的“狠心的女人”，看看她四处学习游玩的工作状态和一脸的自信乐观，从哪里能看出她是一个被失恋困扰的弱者，倒更像是一个彻底从困境中解脱出来的勇士。

亲爱的宝贝，如果能够拯救自己于水火之中，如果能帮助自己脱离生活的困境，那么，即便自己真的做一回别人口中的“恶人”又如何？所谓的善恶，不过是因为双方不同的立场而给出的不同的评判标准，或许在他眼中的狠心和诀别，不过正是你该为自己捍卫的权利和对更好人生的追求。细想，如果自己的一句话、一个举动、一个决定能让自己有更好的追求，能让自己找到人生的奋斗目标，能帮助自己找到努力的方向。那么，做回狠人，做回别人口中的“恶人”又能怎样。毕竟，你不对自己狠心，全世界就会对你狠心。亲爱的宝贝，对自己狠一点，总比别人对你狠要好得多。所谓的“恶人”，不过也就是对自己的人生更加负责，想让自己成为一个更好的自我而已。

第3章

控制住任性，才能勇于担当

有人说："这世界上有很多活得很努力的人。"确实，人生在世，我们只有不断努力才能达成所愿。但同样都是很努力的人，有人却能令人赞赏，有人却令人心疼。前者姿态优雅，后者表情却很悲壮。而这中间的区别，往往就取决于一个人行事的分寸感。亲爱的宝贝，分寸从来都是一个技术活儿，它不光表现在你的行事作风上，更体现在你的目标上。很多时候，用力太猛，不光会让自己的姿势走形，更能体现出你内心的迷茫和对自我定位的失败。而很多时候，我们会迷茫的原因，也就在于才华和梦想的不相匹配，能力和愿望的不相匹配。因此，不管何时，我们的任性都必须在自己的控制范围以内，如果太过最终只会令自己承受不起，因而落后于人。

任性不是自我放纵

经常听到有人会说："我年轻，我有任性的资本。"偶尔也会听到有人说："有钱，就是要任性。"甚至，也有人会调侃："吃泡面的时候，把汤都喝了，面剩着，别问我为什么，我有钱就是喜欢任性。"最任性的一种说法是："我就是任性，不要问我为什么。"那什么是任性？任性是去星巴克喝咖啡，只买不喝，还不拍照？任性是喝完酸奶不舔盖子的有钱浪费？我想，任性并不是秉持本心的率真不做作，而是自私不顾后果的一种肆意妄为。

最开始，"有钱任性"这个段子流行起来的原因是有一个人被骗子骗去了几十万。在最初被骗了几万的时候他其实已经发现了，但是他并没有选择报警，因为他想看看对方还能怎样骗他……此后，各种有关任性的段子在网络上就彻底火了起来，也正是从那个时候开始，总会有人陆续给自己的过度放纵用上更好听的代名词——任性。于是，你可以看到多少人大晚上熬夜玩游戏、刷微博、刷朋友圈，半夜了还不忘发条说说："再晚睡一回，年轻，就是这么任性！"也有人整天到处喊着要减肥，大晚上了却还在胡吃海喝，然后还不忘拍个照片发个朋友圈"先吃饱了才有力气减肥嘛，就是这么任性"……很多人会说，年轻再不任性就老了；也有人会说，就是喜欢任性，又怎么了？确实，亲爱的宝贝，人生是属于你自己的，一个人只有一次，如何度过这有限的生命，也是你个人的自由。但我仍旧想说，亲爱的宝贝，你确定你的每一个过度放纵都只是一时的任性吗？你每一次都以有资格任性为借口的放纵真的能帮助到你吗？

在职场上，大家一起讨论某件事情的时候，经常会有许多人包括我们自己在内不自觉地希望自己能说服对方，以彰显自己的控制力。甚至，总有特别强势的人会将自己的语言化成一只拳头，不停地对别人咆哮“你是错的，而我是对的”这般莫名自信的暴力。听到这里，正常情况下我都会沉默不语，“争辩”或许是我最不希望去做的一件事情。或许，有人会说，在职场上往往不是你输就是我赢，面对一些模棱两可的方案，当然要靠自己去争取利益最大化。确实，这也是人之常情。但是在我看来，究竟一个人该有多大的自信或者任性才会说出“你是错的”这句话呢？而他又从何得知，他的这种认知是否也是一种自我认知上的无知和任性呢？人生在世，总有很多人会一厢情愿地认为只有自己的理解才是对的。但其实，总有一些你在乎而我不是太在乎的东西，它会促使我们产生不同的价值观，让我们拥有对同一件事情相左的观点和态度，而这难道仅仅是因为在乎的事物不同，就被简单的的“对错”所束缚，难道这不是一种认知上的任性吗？

以前开玩笑的时候，我们都喜欢说对方，有钱任性。现在我们喜欢说对方家里有矿，其实说的都是同一个意思。这样的玩笑在职场中并不少见，所代表的意思往往也有两种极端。一种是如果你负责的一个项目关系着公司的集体利益和声誉，进行到一半的时候想着压力颇重，就借口“世界还很大”然后辞职去“看看”，面对公司领导的挽留仍旧不为所动，一意孤行最终导致了公司损失惨重，这样的任性其实不过是一种逃避。另一种是你处理好手头上的一切工作，交接完毕以后再选择辞职，用奋斗的所得奖励自己环游世界，那么两者的性质便会全然不同。这两种不同的任性也代表了截然不同的两种态度，前者让人鄙夷，后者却让人羡慕。

笔者以为，任性是指遵从自己内心的意愿，做事不被现实束缚和禁锢，而非一些人认为的过度放纵和无所顾忌；任性是当你想做一件事情的时候，那种发自内心、永不言弃的执着态度，更是一种积极勇敢的生活态度，而不是一些人自甘堕落的理由。因此，亲爱的宝贝，我们可以任性，但绝不可以放纵。我知道，亲爱的宝贝，我们每个人都会有不想做某一件事情的时候，我们也都希望自己能拥有顺从心意、对自己不愿意做的事说“NO”的自由。但亲爱的宝贝，无论我们想如何的任性执拗，都要想一想这个任性的结果谁会愿意为你埋单，如果无人承担或者受损的还是日后的自己，那就不如学会收敛、学会克制，让我们内心这个任性的小孩学会长大、学会成长、学会接受一些这世间的无可奈何。

别把任性当成一种率真

今年五一节放假的时候，我带着爸妈参加了一场跟团游。到达景区以后，我们上了一辆大巴车，大巴车上跟着一位导游，在我们一行人排队上车落座没多久，就听到了导游面无表情地“例行公事”：“大家好，我是你们的实习导游，我刚刚开始做这份工作没多久，如果有做得不好的地方，希望大家能多多包涵。”说实话，如果是以前，我听到这样的话会觉得理所当然，也会觉得对方是想要表达真诚和谦逊的态度。但是现在，他的话语却让我不由得联想到了一位以前一起共事过的同事，便顿时心生出许多的不以为然来。

那时，我在一家贸易公司做业务，那位同事就是我们同一个部门的队友。按照我们当时的流程，在我们接受完入职一个月的培训和考核以后，就可以开始电销了。而她在每一次电销的时候都会对客户说：“很抱歉我是新来的同事，不是很清楚中间的细节。”刚开始，我很理解她的这种做法，毕竟我们确实作为一个新人，的确不能与那些有过好几年电销经验的销售相比。但是渐渐地，我却发现她已然将这一番说辞作为自己接待每一个新客户的开场白。但在我心目中，这句话应该是表达自己的谦逊以及让自己显得更真诚的目的。

于是，我开始有意识地观察她会在哪些情况下将这句话作为开场白。我发现，只要客户问了她答不上的问题，她都会说自己是新手，而客户所问的也不过是一些我们平日的培训里都会有涉及的简单问题。不光如此，平日里她也很喜欢一味地重复自己对公司所从事行业的诸多不了解，指望与她合作的同事能更加宽容和承担更多。而她自己，却并没有做出任何打算提高自身专业能力的举动。她将自己对于公司产品以及业务的不熟悉当成一种理所当然，并希望别人能因此而降低对她的期待标准。由此可见，“我是新手”这句话不过是她不愿意去精进自己的业务知识、提升自己的职场能力的挡箭牌。而她的这些举动正是她对自己的行为不负责任的一种任性。而对于我们一个小组内的其他成员来说，既然你已经知道自己是一名菜鸟，熟悉产品业务并向客户介绍或者解答疑问本就是你的职责所在，我们又为何要为你的失职而埋单呢？

想到这里，我又突然想起来了我的另一位同事，她是一名所谓的性情中人，欢喜忧愁从来都不隐瞒，开心就哈哈大笑，不开心就说话带刺，顺带摆脸色给全世界的人看，情绪平复以后就自诩自己单纯率直，有啥说啥。一开始的时候，我们都选择一笑了之，只觉得与这样的人打交道轻松十足，于是我们每天都会围在一起吃午饭，顺便聊聊家常。但是时间久了，便没有人再愿意和她多说话了，原因就在她的“单纯率直”上。她凡事都要发表一下自己的意见，而这些评论无一例外地都带着负面情绪，似乎谁说什么事，和谁都能吵上一架，并且总认为自己才是那个从不做作说实话的好人，对方都是虚伪的。

亲爱的宝贝，当你对全世界报以微笑的时候，世界一定也会回馈你微笑。一个人如果总是对自己的公司、同事甚至家庭和朋友充满了负能量的吐槽和抱怨，一次你会对她同情，两次你会对她心软，久而久之，你还会对她如第一次般同情吗？你是否会禁不住地想问，怎么全世界的倒霉事儿都让她遇上了，难道其他人就没有这样的烦恼吗？事实上，其他人也都有，但是他们却懂得控制自己的情绪，懂得让自己不要这么任性，懂得与别人相处之间的分寸。后来，这位同事以为自己被孤立、被排挤，却不想是自己将所有人都拒之门外，而这明显是对自己情绪不负责任的任性。

亲爱的宝贝，与人相处时，尤其是在职场上，大家从来都是趋利避害的，没有人会为了你的情绪任性而埋单。因此，学会控制好你的情绪，学会控制好你内心的任性，你口中所谓的单纯率真很多时候在同事的眼中就是任性和不负责任。实际上，我们也并不应该对所有人都展示出自己秉持本心的率真而不做作，在不懂欣赏的人以及不愿与你深交的人看来，这只是你自私不顾后果的肆意妄为而已。亲爱的宝贝，物极必反，任何事物一旦失了分寸，走向极端或被无限放大，最终便都会失控。因此，亲爱的宝贝，每当自己想任性执拗的时候，想想其后果，如果损人不利己，那便收敛好自己的情绪，让自己内心那位任性的小孩赶紧长大吧，毕竟这个世界上，从没有人真的有义务为你的每一笔任性来埋单。

尽管去做，别辜负人生的另外一种可能

刷微博的时候，突然看到一个话题：30岁以前，你还有多少成功的机会？看到下面的评论，一律的扎心伤人。话题页面里面看到了一个跟发小很相近的名字，让我忽然想到了他。他叫小吕，是被我们所有人都认为活得最为通透的一个人。

说起小吕，他在一开始的时候其实跟我们也差不多，同样是来自名不见经传的小城市，同样是上学时成绩平平，最后考上了一所非“985”“211”的普通大学，同样整天就只知道外出旅游，美名其曰享受青春……只是后来，小吕成了网络上的红人，成了我们眼中的成功人士，成了我们所有人羡慕的对象。这其中的区别，在于小吕后来的加速。

同很多狗血的电视剧情一样，原本家境很好的男主突然家道中落，备受刺激的男主为了重振家族，不得已奋起努力，最终小有所成。小吕家也是这样，他家原先是我们城里有名的富户，父母在我们城市承包商品房，在房价突然暴涨的那段时间，小吕家里的钱可能多得花不完。但是突然有一天，父母带着抱歉的语气同他说，家里做生意赔了点钱，以后小吕的生活费可能要减半了，原定好要出国留学的计划可能也得暂时搁浅。小吕有一下子从云端跌落到了谷底的感觉，但在一开始的时候，小吕的感觉还没有那么深刻。他觉得可能是父母在故意考验他，想让他省着点花钱。这样也罢，无非就是最新款的苹果手机买不成了，每个月的零花钱自己都得节约着点花了罢。所以，小吕还是同往常一样，没钱了就张口跟父母要。春天来了，朋友约小吕一起去杭州玩一趟，小吕二话不说就答应了，转头就打电话跟父母要旅游经费。小吕漫不经心地打着电话，全然没有感觉到电话那头的母亲有什么异样。同往常不一样的是，小吕这回有点失望，经费迟迟没有到账，跟朋友约定的时间却就在眼前了。于是，小吕愤怒地给家里打了个催账电话。

没想到，电话的那头传来的是小姨生气的声音："你凶什么？你家里做生意亏了几百万你知道吗？家里现在卖了房子还欠几十万，你爸妈为了多赚点钱，一把年纪了还去水泥厂做苦力，每天下班回来就跟泥人一样。他们不顾身体出去赚钱，这么大年纪了还要被工头数落干活慢，一点面子都没有了。你还好意思跟家里要钱，你妈的手，上次不小心被机器夹到了，手指都裂开了……"小吕在电话这头懵了，不是说家里只是赔了点钱吗，什么时候处境变得这么糟糕了？妈妈的手都裂开了，这怎么可能呢？要知道，妈妈以前在家里连碗都很少洗的……

失魂落魄的小吕在学校里走了一夜，很多事情他想不通，但是似乎也突然明白了很多以前从不理解的事情。天刚蒙蒙亮的时候，他看到手机屏幕突然亮了起来，收到了两条消息。一条是银行的到款通知："您的账户收到两千元转账汇款。"还有一条妈妈的短信："对不起儿子，妈妈有点事情给你转账晚了。"那一刻，刻骨铭心的感受让小吕一下子决定，自己必须要开始做点什么了。

小吕开始利用课后时间做兼职。有一次，他在学校超市门口租了个小摊位，自己进了一大包小饰品回来，往外摆东西的时候迎面碰上了同学，他满脸笑意地迎上去，却被对方脸上的尴尬刺了一下，细而微，轻而短，却深深地扎进了他的心里。后来，有朋友说："你这不是丢我们的脸吗？"听到这话的时候，小吕心里苦笑了一下：原来如此，但是你们不知道，谈格调是要有钱的，而我是没钱的。

我想，小吕的开挂便从他开始直面自己的欲望，下定决心帮助爸妈翻身开始。搞清楚自己的梦想以后，小吕开始一往无前。社交电商正是兴起的时候，他仔细斟酌，选定了一个项目开始做地推，开始到超市摆地摊，开始拿着小礼品请大家扫码下载软件。每天天一黑，他就带着40多斤的海报，骑上一个老旧的自行车，在食堂贴，在宿舍楼贴，在广场贴。学校附近的超市、小吃店、奶茶店、水果店，能够合作的都一一拿下，不能合作的也得贴个二维码再走。最终，小吕在一个月内超额完成了没人敢接的一万单指标。疲惫不堪的小吕在床上昏睡了十几个小时，醒来以后看到手机上支付宝发来的提示，显示入账一万二，小吕揉揉眼睛，用手指点着数了好多遍，确认没错以后躺下又睡了一觉。起床穿上最好的衬衫，小吕走到镜子跟前郑重的给自己系上最后一颗扣子。看着镜子里的自己笑了一笑，又哭了一会儿，抬头："我今年大二，20岁，开始自己赚到钱了。”这是小吕的第一个成功，第一个小小的成功。

有人说，生命在于折腾，青春在于任性。小吕更是这么认为，有了第一次小小的成功以后，他开始尝试更多的项目，写作、做小生意、组建自己的公司，物色更多的社交红利项目……大学4年时间，他拿到过形形色色的大学生创业奖项。最成功的一次，还获得过500万的融资。就这样，仿佛奇迹般，小吕真的依靠自己的努力改变了家里的经济状况，帮助父母过了难关，成了父母的依靠和骄傲。

亲爱的宝贝，梦想是什么？我们又该怎么做？这是一个困扰过很多人的问题，但是最终你会发现，只要从最小最实际的地方入手，慢慢找到自己的优势所在，一步步放大，再沮丧都选择坚持下去，尽情折腾。总有一天，你会找到属于你自己的独特坐标。亲爱的宝贝，千里之行始于足下，任何的想象只有在努力尝试以后才有可能变成现实。生活就像一条永远向前的河流，活在其中，我们无须频频回首昨天，更不应该把空想都寄托在明天，我们需要做的就只有脚踏实地过好今天。由此，学会找准自己的目标，再配合脚踏实地的行动，勇敢尝试，一定能一路欣然向前。

敢做敢担当，才能在复杂的世界里活出精彩的人生

从小到大，我们会经历许许多多的事情，也经常会有做错事的时候。做错事说来总是一件会有损失产生、让人一听就高兴不起来的事情，因而总是会有人不愿意承认自己犯下的错。但私以为，会做错事是人之常情，任何人都无可避免，并且做错事也从来不是一件可怕的事情。很多时候，只要你学会正视自己的错误，知错能改，就会帮助你更快地进步与成熟。要我说，敢做敢当，应该是我们最值得保有的珍贵品行。

鲁迅先生曾经说过：真正的勇士，敢于直面惨淡的人生，敢于正视淋漓的鲜血。从这句话可以看出，一个人要想敢做敢当，前提是必须学会勇敢正视，只有首先敢于正视，才能承认自己的对与错，不逃避自己的责任并敢于承担自己的责任。

平时工作的时候，很多人都喜欢做看上去特别轻松、简单的事情。只要领导稍微多分派一点任务，就会在背地里抱怨领导“腹黑”，给自己穿小鞋等。其实，亲爱的宝贝，不妨换个角度去思考一下，领导能将任务多分派给你，其实是一种对你能力的认可，更是一种对你的肯定，不是吗？再说，看似多做了活吃了点亏，但从做的事情中受益，最后获得锻炼的其实也是我们自己呀。亲爱的宝贝，这个时代其实从不缺乏具有聪明才智的人，但是却缺少具有智慧的人，不信你看下面的这个小故事：

曾经，有一位老爷爷同时养了一头小毛驴和一匹马。有一天，老爷爷想让他们帮忙搬点东西去集市上卖，一袋是棉花，一袋是石头。老爷爷让小毛驴和小白马自己选择想要背什么，小毛驴急忙喊道：“我……我选棉花，不要和我抢。”小毛驴一边喊着，一边飞快地跑过去将棉花背在了自己的身上，小白马只得扛起了石头。

石头实在是太重了，小白马一路上都在喘着粗气，小毛驴看了并没有想帮忙的意思，反而讽刺道：“你怎么这么慢呀，平时看你不是跑得挺快的吗？今天怎么跑这么慢。由此可见，我才是这个家里最能干的助手。”小白马听了小毛驴的话并没有理睬，只是自己默默地继续往前赶。到了一条河边，他们渡河时，小毛驴却发现自己身上的棉花变得越来越重，都快压得自己直不起腰来了。小白马却还是稳稳当当地往前走着。于是，小毛驴生气地说：“哼，我身上的东西突然变得这么重，你是不是偷偷往我身上放东西了。”老爷爷听到小毛驴的话，愤怒地朝小毛驴呵斥：“蠢材，你背的是棉花，棉花干的时候是很轻的。但是我们刚刚渡河，你的个子矮小，棉花已经被河水打湿了。所以，被浸泡的棉花就变得比石头还要重了。”小毛驴听了老爷爷的话，仿佛明白了什么，开始静下心来稳步向前进，后来，棉花中的水不断地流走，小毛驴背上的棉花又变得越来越轻了。

亲爱的宝贝，你看很多时候，我们都会有先入为主、拈轻怕重的想法，这也可以说是我们每个人潜意识里隐藏的一种惰性。如果不加以调整与学习，我们只会让自己被这种想法左右而变成一个自私自利、没有承担的人。因此，亲爱的宝贝，不妨扪心自问一下，面对问题时，你是要做勇于承担不抱怨的小白马，还是要做拈轻怕重、抱怨牢骚一大堆的小毛驴？很多时候，我们就跟故事中的小毛驴一样，看似小聪明满满，但到了最后却是最为愚钝的。亲爱的宝贝，在我们的生活中，很多事情表面上看着相差很大，但拆分开来，其实都是差不多的，因为只要你勇于承担，看似再难的事情也会变得很简单。

没有长大的时候，父母就像是我们心中的神，任何事情在他们面前都可以被解决。那时候我们便无比憧憬自己长大后的时光，好似自己什么都不用做，只要自然地长大，自己便会拥有一切想要的能力。但长大后才发现，父母这一切的神通不过是出于对我们的爱护，出于作为一个父母作为一个成年人该有的一种责任和承担。因此，亲爱的宝贝，很多时候，你会发现：当你不再拈轻的时候，生活就往往会过得越来越有“重量”；当你不怕重的时候，生活也会过得越来越有滋有味；而当你学会更加勇于承担的时候，你会发现，自己的生活早已是另一番景象。亲爱的宝贝，尺有所短，寸有所长，从来没有谁生来就是完美的。但这并不值得我们遗憾，因为只有拥有了缺憾，我们才能有可改之处，也才会有可以进步的空间。只有学会正视自己的不足，勇于承担该有的责任，尽力发挥自己的长处，不断完善自己的短处，学会每天进步，日积月累，我们的人生才会变得大不相同。

如果你知道去哪里，世界都会为你让路

目标是什么？百度百科上说，目标指的是射击、攻击或寻求的对象，也指自己想要达到的境地或标准。目标是自己对活动预期结果的主观设想，是自己在头脑中形成的一种主观意识形态，也是行为活动的预期目的，能为所做的活动指明方向，更具有维系组织各个方面关系构成系统组织方向核心的作用。总而言之，目标就像是我们人生路上的一个个灯塔，会为我们照亮前进的道路，让我们每个人走在人生的道路上不至于迷失方向，更不至于停滞不前，不至于碌碌无为，甚至荒废一生。就像是我们民族历史上那些著名的工匠，一旦确立了自己的目标，便会甘愿奉献出自己的一生，孜孜不倦。这样的能人，他们将工作视为一种修行，将产品的品质视如自己的生命，用自己的人格魅力去感染着身边的每一个人，备受别人的尊敬。或许，身为普通工作者的我们，还达不到这么高远的境界，但是目标的存在和重要性却是一样的。

亲爱的宝贝，很多时候人与人之间的根本差别并不在于天赋和机遇，而在于你是否具有明确而坚定的目标。很多人之所

以会一事无成，究其根本，其实就是缺乏了一个明确的、远大的、可持续发展的目标。因为，经历越多的小有所成，你便越会明白，所谓的成功，不过就是实现一个个既定目标的过程，成功就是由一个个目标的阶梯搭就的。因此，亲爱的宝贝，请你牢记，设立明确的目标往往是我们迈向成功的第一步。

相传贞观年间，在长安城西的一家磨坊里有一匹马和一头驴，它们是好朋友。平时，它们的分工就是马儿在外面拉东西，驴子在屋里推磨。后来，马儿被玄奘大师选中，需要一起出发经过西域前往印度取经。听说马儿被大师选中要出远门，还要过得这么辛苦，驴子对自己没有被选中暗自庆幸，它觉得每天在家推磨也挺好的，至少不用风餐露宿，也不用思考应该干什么。

17年过去了，马儿陪同大师驮着佛经回到了长安，国王为了奖励马儿的贡献，特地给它盖了单独的马厩，还配了一个专门照顾他的饲养员。有一天，马儿重新回到磨坊见到了他的老友驴子，当年年轻的驴子已经变得又老又瘦，主人正准备将它送去集市上卖掉换点钱。驴子看到同样已经不再年轻的马儿却变得如此气派，不禁心生不甘，愤懑地感叹起自己的辛苦付出和收获一点都不成正比。

马儿听到驴子的埋怨，同它讲述了自己这一路去取佛经的辛苦，它告诉驴子所有的收获都是因为有了辛苦的付出。驴子听了却还是愤愤不平，它认为自己每天推磨也是很辛苦的。

后来，马儿同驴子分享了自己在取经路上看到的美景，有浩瀚无边的沙漠、高入云霄的山岭、白茫茫的冰雪和浩瀚的大海等，希望驴子听到这些能够开心一点。结果驴子却说："你有这么多丰富的见闻，走了这么远的路，这些是我连想都不敢想的。"后来，马儿对驴子说："其实，我们走的路如果换算成步数的话，是差不多的。当我向西边不断前进的时候，你也在不停地往前进，一步也没有停止过。不同的是，我们的目标不一样，我的目标是遥远的印度，所以我总是按照始终如一的方向往前进，最后就看到了越来越大的世界。但是你却被遮住了往外看的眼睛，一生就围着磨盘打转，所以注定了永远也走不出这个狭隘的天地。"驴子听了悔不当初，但是却于事无补了。

亲爱的宝贝，你看，很多时候，你之所以平庸，而别人之所以成功，其实并不在于天赋或者能力的差别，也不在于机遇的偏失，而是你缺乏人生目标。就像故事中的马儿和驴子，当马儿在坚定不移地朝着西方前进的时候，驴子却不停地在原地打转。尽管驴子一生迈出的步子和马儿相差无几，可是因为缺乏目标的原因，注定了它这一生也走不出这个狭隘的天地。

因此，亲爱的宝贝，你想要什么，你对于自己的人生有着什么样的目标，其实是一件很重要的事情。当一个人觉得自己的目标并不是什么重要的事情的时候，他就不会为了自己的目标付出努力，更不会觉得自己的所作所为有什么价值。但是当你觉得自己的目标很重要的时候，情况往往就会相反，你会为了自己的目标付出努力，你也会觉得自己所有的付出都是有价值的。长此以往，你便会感觉到，每天都有一些新的、有意义的事情正在你身上发生。就像前美国总统罗斯福曾经说过的：实现明天目标的唯一障碍就是今天的怀疑。因此，亲爱的宝贝，让我们学会以最积极的信念坚强地将自己的计划目标向前推进。

第4章

理智的人不是没有情绪，而是不被情绪左右

亚里士多德曾经说过这么一句名言：“任何人都会生气，这没什么难的，但要能适时适所，以适当的方式对适当的对象恰如其分地生气，可就难上加难。”确实，在我们的生活中，情绪就好像是紧紧跟随我们的影子，看似无关痛痒，但却能左右我们的精神状态，驱使着我们去行动。因此，学会控制好自己的情绪对我们每一个人都是一件非常重要的事情。一个人之所以理智，之所以成功，并不是因为他没有情绪，而是因为他懂得如何控制自己的情绪，如何驾驭自己的情绪，而不是整个人都被情绪影响、左右、牵制着而行动。

所谓强大，就是能管好自己的情绪

不夸张地说，一个人只有能够管理好自己的情绪，才是真的强大，才能真正地管理好自己的人生。

曾经听说过这么一个新闻：福建省的一位母亲因为与五年级的孩子发生争执，竟在一怒之下勒死了儿子，等到自己情绪平复以后，又因为自责而选择了自杀。无独有偶，之前一位美籍华裔母亲因为冲动而失手打死了自己年仅5岁的女儿，她一遍遍地强调："我也不想做出这种事情来，但是有时候我就是控制不住我自己……."这些新闻令人触目惊心，让人不禁哑然。原来，在最亲爱的母亲和最可恶的杀人犯之间，仅仅就相差一次情绪失控……作为母亲，我能体会到当时的状态，没有哪一个母亲不是真心疼爱自己的孩子，不听她们讲任何的过程，只从本心出发，我也知道，她们绝无可能真的想要致自己的孩子于死地。然而，现实就是这么残忍，错事一旦做下，再也没有后悔药可以吃，也没有时光机可以让你回到过去。我知道，或许她们也都是可怜人，在生活中遭受了无数的痛苦，才会积蓄了满腔的怒火和委屈无处发泄，最终只能将火撒在孩子身上，让自己的情绪失了控，在那一时刻失去了理智，结果却让自己的生活越来越糟糕。不光伤害了自己最亲近、最重要的人，更毁了自己的一生。

我知道，这样的大道理说起来每个人都懂，但是真正身处其中的时候、小情绪上来的时候，真正能做好自控也并不容易。但是，亲爱的宝贝，只有你明白了情绪不稳定是一件多么恐怖、多么可怕的事情，你才会明白学会掌握、学会控制自己的情绪该是一件多么重要的事情。

3年前，夏天满脸幸福地结婚了，丈夫是家里父母找人介绍的。虽然认识的时间不是很长，但是夏天觉得对方性格温柔，对自己关怀体贴，两方的家庭背景也差不太多，还是蛮合适的。于是，认识不到一年的时间，在双方父母的撮合下，两人就步入了婚姻的殿堂。

然而，结婚不到半年，夏天就发现了丈夫的一个致命的弱点：他不会控制自己的情绪，好的时候简直就是完美丈夫的化身。温柔、体贴、浪漫，主动承包家里所有的家务，还会和她一起做所有她喜欢的事情。但是可怕的是，只要他脾气一上来，就立刻像变了一个人一样，冷着一张脸，见谁都没有一句好话，就连对夏天也是如此。尤其是后来，他做生意失败以后，脾气不光变得更差，还动不动就开始骂人，甚至开始动手打人。长期处在这样的家庭环境中，夏天变得惴惴不安，因为她不知道自己的丈夫什么时候就会开始情绪发作，自己可能就要挨打。每次等丈夫冷静下来以后，又会变成以前一样的温柔模样，并抱着她痛哭流涕地表示自己一定会痛改前非，自己一点不想伤害她，但就是控制不住自己。于是，一次次，出于情分也好，出于心软也罢，夏天都选择了原谅，始终没有提出离婚。直到后来有一次，夏天已经怀有身孕，正憧憬着自己美好的母亲生活，却再一次因为丈夫的家暴而流产。夏天终于死心了，任他在地上苦苦挽留，还是流着泪狠下心没有回头。

后来，两年以后，夏天从熟人那里得知，她的前夫因为和别人产生冲突，拿刀捅人而进了监狱。家里人都在庆幸夏天幸亏脱离得早，原本那个意气风发的男人，终究还是被自己的情绪给毁了。

亲爱的宝贝，一个人在极度愤怒的时候，会触发荷尔蒙在自己的体内制造紧张和焦虑，而紧张和焦虑会抑制你部分大脑细胞的正常运作，降低你的判断能力，这在医学上被称为知觉失明。因此，当我们被自己的情绪所控制的时候，哪怕平时再聪明，也会在那一瞬间智商欠费，做下令自己后悔莫及的事情。所以，亲爱的宝贝，不会管理自己情绪的人，不足以谈人生。所谓弱者易怒如虎，强者平静如水。一个人真正的强大，往往就体现在他能管理好自己的情绪，而不是简单地为自己的各种情绪所控制。

亲爱的宝贝，有情绪是一个人的本能，我们每个人都会有自己的喜怒哀乐，也会有崩溃濒临绝望的时刻。但是，越是艰难的时刻，越要学会管理自己的情绪，因为真正的强者，哪怕是遇到再糟糕的状况，也不会任由自己陷于情绪当中，而是会告诉自己努力保持理智，在既定的事实外，争取做更好的改变，不是吗？

避免情绪化，你最终才能赢

我认识一个自我情绪控制能力特别强的姑娘，暂且称呼她成成吧。

成成可以说是一个非常优秀的姑娘，不论外貌、家境、工作还是自己的为人处世，各方面表现得都很出众。但是，就是这么一个优秀的姑娘，她的人生却满是坎坷。就在她30岁那年，年仅两岁的儿子被查出患有罕见的恶性肿瘤，为了给儿子治病，成成殚心竭虑，花光了自己所有的积蓄。但就在那个时候，本应该给她最多依靠的丈夫却出轨了，带着怀孕的小三上门，直接要求离婚。可怜的成成当时已经连续照顾儿子有半个月没有睡过整觉，一气之下竟然直接晕了过去。所有人都以为成成醒了以后绝对不会善罢甘休，但是她醒来以后出奇的冷静，没有哭，也没有闹，直接去找了一个律师，干净利索地办理了离婚。后来卖了房子，拿着钱带着儿子去了北京治病。

在北京这座陌生的城市里，成成一路打拼，吃了多少苦受了多少罪。但是就算在最艰难的时刻，我们也从没有听到过成成的任何抱怨之语，她一直在用自己的乐观和坚强不断地坚持、不断地向上。

后来，她儿子的病看好了，她又重新在北京买了一套房，遇到了一个爱自己的人，据说下半年就要结婚了。我们得知成成的这个好消息时，都由衷地替成成高兴，她是我们身边的一个良好榜样，真正做到了管理好了自己的情绪，掌握好了自己的人生。

亲爱的宝贝，不知你有没有听过心理学上那个出名的“费斯汀格法则”：生活中的10%是由发生在你身上的事情组成的，而另外的90%则是由你对所发生的事情如何反应所决定的。也就是说，生活中的10%是我们无法控制的既定事实，我们无法掌握，更无从控制。但另外的90%却完全是由我们自己决定的，我们可以选择自暴自弃，更可以选择通过自己的努力，一步步地让事情变得更好。

就像上文中的成成，如果她当时在儿子病重、丈夫出轨的情况下，一直沉溺于痛苦之中无法自拔，而不是积极乐观地不断向上。那么，她的人生恐怕也不会有这后面的峰回路转。因此，亲爱的宝贝，希望你能知道，有情绪是我们每一个人的本能，人生在世，我们每个人都会有自己的喜怒哀乐，也会有自己濒临崩溃接近绝望的时候。但是，不管在任何一种处境下，我们都应该要学会管理好自己的情绪，歇斯底里其实是解决不了任何问题的。因为生活中真正的强者，哪怕是遇到再糟糕的情况，都不会任由自己陷于情绪之中，而是告诉自己努力保持理智，在既定的事实之外，为自己争取到更好的改变。

著名的情感学家李尚龙曾经说过：“生活的高手，从来不会让情绪控制自己，然后做出后悔的举动，他们会控制情绪，变成生活的主宰者。”因此，亲爱的宝贝，请你相信，一个能管理好自己情绪的人，必定不会将自己的人生过得多差。反之，一个人看似生活优渥，但是如果掌握不了自己的情绪，他的生活必定也不会美满到什么程度。

亲爱的宝贝，我们的生活其实就是一个不断寻找自我的过程。在这个过程中，我们宣导你努力向上，不光是想要让你通过自己的努力能让世界看到，更是为了让我们自己看到更广阔的世界。而当我们面对生活中的各种突发状况，选择稳定好自己的情绪，选择积极向上，一步一个脚印往前走的时候，最终你一定会发现：我们生活中的每一点进步，都是在让我们的人生变得更加辽阔；我们生活中的每一点忍耐，都是在让我们的人生变得更加有分量；我们生活中的每一点克制，都是在让我们的人生变得更加有格局。

因此，亲爱的宝贝，如果你希望自己的生活一切都能变得更加美好，那就从改变自己的情绪开始。就像著名小说家狄更斯曾经说过的：“一个健全的心态比一百种智慧更有力量。”亲爱的宝贝，抛开其他的一切外在条件，你面对处境的心态和情绪，其实才是你最好的本钱。而心态的“态”字，拆解开来，其实就是心大一点 。所以，亲爱的宝贝，面对自己的人生，面对人生中的各种突发和意外，让自己尽可能地学会淡定和从容，不要情绪无常，更不要歇斯底里，因为这些除了令你的处境变得更加艰难以外，没有其他任何好处。

千万不要强迫自己微笑

“我有抑郁症，所以就去死一死，没什么重要的原因，大家不必在意我的离开，拜拜啦。”在微博上看到这段话的时候，可以说，我的内心是震惊并且焦灼的。看到的第一时间，我立刻选择了报警，希望一切还能来得及……

后来我知道，有很多网友跟我一样，在发现这段文字的第一时间都选择了报警，警方已经在第一时间联系到了她的家人，找到了姑娘居住的地方。但是很不幸，姑娘是通过微博定时的时光机发出的这条微博，留下了提前编辑好的遗言，而她已在前一天的凌晨选择了和这个世界告别。惋惜之余，我去翻看了姑娘之前的微博，她的离开没有任何征兆。甚至在她选择的前一天，她还在微博上发出了一段很有趣的文字，只是现在，可能任何人看到也笑不出来。很难想象，外表看似乐观坚强的姑娘，内心其实早就已经被抑郁症吞噬……无数人被姑娘看似决绝的离开戳动了心思，人们在评论下方开始谈论抑郁症，开始互相缅怀和倾述。随着时间的流逝，姑娘的微博似乎已经变成了网络世界里最大的一个树洞，不管什么时候点进去看看，总能在下面看到最新的评论。这里无人管理，却像极了一个神秘的基地，许多人愿意将自己内心那些隐秘的、卑微的，甚至有点难以启齿的心里话倾吐出来："曾经我也有过离开的想法，每次上课的时候，我都会幻想自己从楼顶上跳下去的场景。可是我还是不敢，我很难受。我想知道，既然活得并不快乐，那活着还干什么呢？后来我发现，原来活着只是我不快乐，死了却会有更多的人不快乐。或许，这个就是我努力活着的意义吧。"这些留下评论、留下心里话的人，有很多人都跟这位的姑娘一样，外表看上去嘻嘻哈哈、没心没肺，内心却有可能正在崩塌。

亲爱的宝贝，如果你发现自己有着这样的倾向，那么请千万警惕，这是一种非典型的抑郁表现形式，在心理学上被称为"微笑抑郁"。名字听着很美，但就像是鲜艳的蘑菇往往有毒一样，患上微笑抑郁其实是一件很可怕的事情，因为它通常隐藏得非常深，非常不易被人发觉。

记得刘嘉玲曾经在一次采访中说道："每个人其实都挺不容易的，都有自己濒临崩溃的时候。但是很多人都会调整好了再出来，所以我们一般看不到别人的不容易。"是啊，亲爱的宝贝，现实中的我们不正是像她说的那样，总是喜欢将自己的敏感和脆弱隐藏起来。其实，不管是处在社会的什么阶层，我们每个人都会有自己的磨难，不少人也总是在自己的深渊里不得安生。就像是2017年6月也曾轰动一时的一位英国的小姑娘，年仅16岁，就选择用自杀的方式，告别了自己所在的这个世界。最终，警方通过调研确认：小姑娘患有典型的“微笑抑郁症”。姑娘的家人无论如何都接受不了这样的事实，在他们的眼中，小姑娘听话乖巧、阳光开朗，生活中总是很爱笑，这样的她怎么会是一个抑郁症患者呢？但是，遗憾的是，事实真的如此。姐姐在整理姑娘遗物的时候，无意中发现了她平时很喜欢把玩的一张小纸条，小纸条上用彩笔绘画了“I am fine”的艺术字。姐姐正在伤感之际，不小心将纸条掉落在地，反转的纸条上面绘画的艺术字却赫然变成了“help me”。姐姐惊呆了，原来自己亲爱的妹妹早就在无声地向这个世界发出了求救声，只是他们从未察觉。悲伤难以自抑的姐姐悔恨于自己的粗心和对妹妹的忽视，但是再悔恨，却也改变不了妹妹已经离开的事实。

亲爱的宝贝，抑郁虽然是一种精神疾病，但是往往只表现在情绪上。患有抑郁症的人情绪容易低落，而旁人的不理解只会加重他们的负担。于是，很多时候，他们为了隐藏自己心中的负担，反而将自己变成了别人眼中的乐天派，变成了所谓的“开心果”。但其实，他们只是习惯了戴上微笑的面具，习惯了用自己理解的正面情绪去隐藏自己的低落。亲爱的宝贝，人生在世，我们每个人都有自己的挣扎，每个人都是在拼尽全力地活得更好。生而为人，我们从来都是平等并公平的，在别人拥有对外宣泄自己情绪权利的同时，你也拥有。因此，亲爱的宝贝，做不到的时候，就勇敢地、坦诚地对别人说：我不行。不要逞强，更不要假装自己很强大，好的你和不好的你，最终才组成了一个完整的你。

亲爱的宝贝，你有悲伤的权利，也有能退缩的时候。一味的坚强，故作的乐观，只会让我们内心的负面情绪积累得更多，最终只会物极必反。所以，当你笑不出来的时候，就不要勉强自己一定要笑，其实当众哭出来也并不是一件很丢脸的事情，没有人会嘲笑你，只会懂得一个更加真实动人的你。

再糟糕的事情，也能从中找到积极的意义

北宋著名文学家苏轼曾经说过：“横看成岭侧成峰，远近高低各不同。不识庐山真面目，只缘身在此山中。”所谓当局者迷，旁观者清。生活中的我们其实很多时候都是“身在此山中”，当自己陷于一件事情的时候，我们总是很容易地就会被眼前的障碍所蒙蔽，很容易就会陷于自己的纠结和难过之中。但是，如果我们能学会从当前的环境中脱离出来，尝试着从另一个新的角度去看待问题、去认识问题，或许我们就会有不一样的想法，你的处境很有可能也会立刻柳暗花明。

曾经听说过这样一个小故事：有一个父亲，自己钟爱的

一块手表找不到了。父亲很着急，非常恼火，不断地在屋里四处翻找，却怎么也找不到。后来，父亲出去以后，儿子悄悄地进了父亲的房间，没一会儿就找到了手表。父亲在惊喜之余连忙问儿子是怎么迅速找到手表的，却听儿子说道："我就是在房间里面安静地坐着，一会儿就听到了手表嘀嗒嘀嗒的声音……"亲爱的宝贝，你看，很多时候，我们就跟这个故事中的父亲一样，总是在焦躁地寻找一样东西，但很多时候，我们越是焦躁，内心越是着急，我们就越是找不到自己想要的。而只有让自己平静下来，才能让自己听到内心的声音。亲爱的宝贝，这又何尝不是一种"换个角度看世界，却看到了一个更加辽阔的世界"呢?

曾经有两只老虎，一只自小就被关在动物园的笼子里，一只却自幼生活在荒野中。关在笼子里的老虎不愁吃喝，却抱怨自己没有自由。而生活在荒野中的老虎倒是有自由，却总是为如何能填饱自己的肚子而发愁。就这样，两只老虎都认为自己的处境实在说不上好，总是互相羡慕着对方所处的环境。后来，它们想：既然我们彼此羡慕，为什么不交换一下身份呢?这样我们不就能过上各自想要的生活了吗?它们是这么想的，也的确这么做了。一直生活在笼子里的老虎跑去了荒野，尽情享受自己想要的自由。自幼生活在荒野中的老虎也去了笼子，过上了吃喝不愁的日子。然而，出乎意料。没过多久，这两只老虎却都死掉了。向往自由的老虎如愿得到了自由，却因为缺乏最基本的捕猎能力，生活在荒野中根本吃不饱，居然被活活地饿死了。而向往吃喝不愁的老虎如愿去了笼子，整天优哉游哉，却因为实在太过无聊，最终抑郁死了。

亲爱的宝贝，你看，这也是换个角度看世界的一种，很多时候，我们总是喜欢对自己的幸福视若无睹，而总是把目光看向别人的幸福。殊不知，其实，你所拥有的往往正是别人羡慕的。你所羡慕的别人的幸福，没有一定的能力，即便真的降临到了你的头上，或许最终也只能变成一个悲剧。因此，亲爱的宝贝，学会成为自己，学会享受自己的生活，遇上糟心事的时候，尽量让自己能跳脱出来，换个角度想想，其实一切真的没什么大不了的。

老人对他的孩子说："攥紧你的拳头，告诉我，你有什么感觉？"孩子听话地攥紧自己的拳头，对老人说："有点累。"老人接着说："你再试着更用力一些。"孩子听话地照做了，说："我更累了，现在还感觉有点呼吸不上来了。"老人听了，对孩子说道："那你就把手松开吧。"孩子照做了，长出了一口气："现在轻松多啦。"老人说："你看，当你感到累的时候，手攥得越紧，只会更累，只有放了它，你自己才能轻松下来。"亲爱的宝贝，这个小故事揭示的道理，你看懂了吗？很多时候，我们的人生就是这样，你感觉到累，其实不过是因为你想要的太多，想攥住的也太多。如果你能换个角度来想想，许多不必要的追究和执着其实也就失去了意义，只有让自己学会放手，我们的人生才会更加轻松。这是多么简单的道理，却不见得我们每个人都能做到。

亲爱的宝贝，人生在世，我们能遇上的事情，不如意的事情十之八九，如果每遇上一件棘手的事情，我们就钻进一个牛角尖，不懂得变通与释怀，最终辛苦的也只有我们自己。其实，遇上事情的时候告诉自己先冷静一下，换种角度，或许你会发现解决问题的另一个方法，整个事件的走向也就会有大不同。因此，亲爱的宝贝，很多时候，人生就是这样，多运用一些逆向思维，让自己换个角度去思考，该放手的时候果断地放手不要纠结，你会发现：其实，很多时候，失去或许也是另一种拥有，而你的失意，可能也会变成生活的诗意，这一切，其实全在你的一念之间，无关其他。

坚守一颗宁静的心

如果将我们内心的情绪看成一条流动的小溪，而将我们的身体比作小溪上的一只船的时候，可以想象，当水面平静时，小船就会顺其自然畅通无阻。而当水面掀起波澜的时候，小船就会受掀起的波浪的影响，左右摇摆，甚至还有颠覆的可能。由此，我们可以推理出：当一个人的情绪浮躁焦虑、嫉恨愤怒的时候，我们的身体必定也正在承受着同等的波动，产生紊乱，严重时出现失控。

生活中的我们总是会有这样的经验：越是愁眉苦脸的人越是会遇到乱七八糟的糟糕状态，他的身体状态一般也不会很理想。而越是笑容满面的人越是运气爆棚，身体状态也是个顶个的棒。这关乎个人的气运磁场，更关乎每个人的行为状态。有人说，情绪对身体的影响根本就是无稽之谈，即便不是无稽之谈，但也一定没有真理般的科学依据。但是，亲爱的宝贝，越来越多的医学研究表明：我们的情绪状态对个人的身体健康状态有着非常密切的影响。仔细观察，你也不难发现，当一个人心情糟糕，处于愤怒的极点或者对某件事情有着强烈的态度的时候，他的心跳、脉动、血压等各个器官的功能也会随之波动，继而产生紊乱，长此以往，就会导致自身抵抗力的下降，出现亚健康的状态或者诱发身体的疾病。例如，长时间的焦虑、浮躁、愤怒、嫉妒都会让一个人的血压飙升，突破极限。同时，人的胃肠的功能状态也会受情绪的影响，当你处于恐惧或者悲伤的时候，胃黏膜就会变白，胃酸就会停止分泌，不但会引起消化不良，还有可能造成胃黏膜充血，胃酸分泌增多，最终导致胃溃疡。而这，也正是中医上所讲述的：肿瘤是由于七情郁结、脾胃受伤等原因，以致气血凝滞的结果。一个人不好的精神情绪和不良的心理状态，其实都是一种强烈的促癌剂。所以，佛学上讲：心中安静就是肉体的生命，而嫉妒是骨中的癌。

亲爱的宝贝，这并不是在夸大事实，更不是在危言耸听。而是想要告诉你：只有我们内心的安宁和平静，才能保持我们肉体生命健康，这也是我们人类生命成长中必备的法宝。因为，我们的安静不光是一种淡定从容的心态，更是一种富贵时不迷失自己，贫贱时不移志向，权势前不卑躬屈膝的心志。只有为人处世坦坦荡荡，存着无亏的良心，我们才能保持内心的安宁，不是吗？亲爱的宝贝，一个人的心胸越是宽广，他遇事时的心绪就会越宁静。学会宽人严己，保持大智若愚，我们的心态就会因为大而稳，因为稳而静起来。

亲爱的宝贝，干净是一个人最好看的样子。干净对于一个人而言，也不光只是表面，更应该是由内而外的一种状态。一个人想要将自己的外表收拾干净是一件很简单的事情，而保持内心的干净却并不是一件很容易的事情。其实，早在生命之初的时候，我们来到这个世界上都是怀着一颗最干净的赤诚之心，只是随着年岁的增长，我们开始将欲望、贪婪、嫉妒、傲慢等不停地装进我们的心里，并最终变成了最复杂的样子，甚至变成了我们当初最讨厌的那个模样。由此，亲爱的宝贝，请你牢记：一个内心干净的人懂得无论取得了怎样的荣耀，都应该让自己保持谦逊和低调；一个内心干净的人懂得在恰当的时候放弃对本就不该属于自己所有的一切的追求，让自己活得简单而纯粹；一个内心干净的人懂得滴水之恩，当涌泉相报，会时刻牢记别人给予的无私帮助，让自己也成为这样乐于助人的人，将内心的感恩不断延续下去。

亲爱的宝贝，就像花开的目的从来都不会是为了花落，而是为了绽放。我们的生命活着的目的也不光仅仅只是为了活着，更是为了我们每个人都能活得精彩、活得独立、活得自由，活出我们每个人最精彩的模样。那么，如何才能活出真正的自我，我想，这需要有所经历以后才会明白的，每个人也都会有自己不同的追求所在。我知道，打磨自己的过程必定不会太简单，甚至充满了疼痛，但最终都会帮助我们塑造出一个更好的自己。所以，亲爱的宝贝，每天将自己装扮得漂亮一点，只是为了让自己开心；每天努力向上，闯出属于自己的一番天地，只是为了让自己独立，不需要依附别人；每天保持内心的平静和从容，对拼尽全力还是追求不到的所有保持理智，不执拗、不纠结，保持云淡风轻，只是为了让自己轻松一点，开心一点。亲爱的宝贝，人生如戏，戏如人生。生活在这个世界上，你我不过是这舞台上的不同戏子，总是有人正在台上演，有人正在台下看。所以，告诉自己：演戏的时候认真，看戏的时候糊涂，人生也就活得更加通透了。

第5章

不要轻易让别人把思想装进你的脑袋

做自己，说来其实是一件很简单的事情。但是等到自己真正实践的时候，你就会发现，原来也并没有那么简单。一旦进入社会，我们各自拥有了属于自己的社会身份，如妈妈、员工、领导，我们的世界就不再那么简单。“坚持成为自己”“坚持自己的个性”“坚持拥有自己的独立思想”也就不再那么容易了。但“做自己”或许是一件不容易的事情，“随大流，迷失自我”却只会让我们的人生变得更加的不容易。所以，亲爱的宝贝，即便再难，过程再辛苦，我们也要学会做自己，不要轻易地让别人将思想装进你的脑袋。

不要被他人的观点左右了自己

生活中的我们都有过这样的经历：有时候，自己看上了一件衣服，喜欢上了一个人，或者决定要换一份工作，一开始很坚持，却总是在被动地听到了他人的看法以后开始怀疑自己，开始质疑：这件衣服、这个人、这份工作，会不会是一个错误的选择？有了质疑以后，你的决定就开始摇摆，甚至最后放弃了你自己的想法，听取了你认为的“真理”。或许，你以为这样便能很好地过完你的一生，但是我想说，亲爱的宝贝，残酷的事实会告诉你，这些放弃和妥协不过是牺牲了你自己，并为了他人活完了这辈子。只有勇敢地选择做自己，才是我们每个人都应该学到的最高级的活法。但确实，并不是每一个人都有足够的勇气能够坚定地做自己。

记得papi酱之前在综艺节目《我家那闺女》里面，提出了这样一个观点：人生最重要的顺序，排在第一位的必须是自己，然后依次是你的伴侣、孩子和父母。至于为什么是这个顺序，她也做出了一番解释：首先，每个人都无时无刻不在与自己相处，因此自己陪伴自己的时间其实是最长的；其次，之后的这一生，通常是由你的伴侣陪你一起度过的；最后，是孩子和你的父母，其实你只是陪伴他们走一段路，剩下的路，更需要他们自己去走。

我以为，这样的想法并没有任何值得吐槽的地方，虽说人各有志，每个人因为自己的家庭环境不同，难免会有不同的三观。但是，papi酱的这种认知不正是代表了现代独立女性的一部分吗？然而，在诸多的社交平台上，papi酱的这番言乱却遭到了上千万人的谩骂，他们纷纷指责papi酱的自私和另类。这反而让我有点啼笑皆非：亲爱的宝贝，这年头的你们到底是怎么了？只是因为别人内心的懦弱而不敢这样活着，就不允许我们更加爱自己吗？难道一切的与世俗不相同，想要更爱自己一点，就变成了别人眼中的自私和另类？亲爱的宝贝，我们已经不是生活在“依靠别人而活”的时代啦，我们的人生能够依靠的是自己，也只有自己。而“成为自己”就是我们对待生活应该有的一种态度和底气。

亲爱的宝贝，或许足够懂事、足够听话、足够乖巧，都能让你成为别人眼中的好人，但是试想，如此在意别人的眼光、如此忽视自己的心情、如此循规蹈矩不敢越雷池一步，甚至不敢露出自己的一点点锋芒，这样的你，又如何能够摆脱自己不受气的人生呢？人生在世，不够爱自己，很多时候都是我们最大且最容易被忽略的一个问题。

曾经在网上看到一个“人生财务自由的15个阶段”，在那张对照表里面，从第一级的辣条自由开始，奶茶自由、会员自由、外卖自由、车厘子自由、口红自由、衣服自由、包包自由等一级级地往上递增。有不少月薪七八千甚至上万的人都在下面感慨自己正处在连车厘子自由都实现不了的阶段。说实话，车厘子虽然贵，但真的是因为我们消费不起吗？其实，你我都知道，真心不是我们吃不起，而是我们舍不得。现在的我们总是太焦虑，单身的想着以后要结婚买房；结了婚买好房子的想着以后为了自己的孩子会有大笔的支出。不管是在人生的什么阶段，我们总是在不停地为自己的未来担忧，总是从现在就开始忧虑将来要花钱的地方，只能不停地催促自己努力，告诫自己不是必需的东西就必须要去学会舍弃，想吃什么先忍着，想买什么先忍着，想喝什么更忍着，一切都忍到以后有钱再说。但是，这以后又会是什么时候呢？其实，你我都不知道。

亲爱的宝贝，人生从来是不可逆的，未来的你或许的确会变得更加有钱、更加富有，但那时候的你还会想吃现在想吃的东西吗？还会想穿现在看上的一条漂亮的裙子吗？我想，到时候，即便你能买上一堆曾经想吃的那些零食、那些衣服，但是曾经心里留下的那份缺失和遗憾，却是再多物质也弥补不了的。所以，亲爱的宝贝，在想吃的年纪里尽情地吃，在想穿的年纪里尽情打扮自己；在想到处走走的年纪里就尽情享受大好景色。我们不偷不抢，自己努力赚钱自己花费，这又有什么不可以的呢？

亲爱的宝贝，努力活在别人眼中，就不如学会取悦自己。与其讨好别人，便不如讨好自己。所有外界的期盼和认可，可以是我们的行为参照标准，却不应该成为我们生活的枷锁。因为，我们的人生从来都是属于自己的。穿什么、吃什么、玩什么，都应该是我们的自由，与别人无关。你可以表示不喜欢，但我却有坚持的权利。因为，这是我的自由。

保持自己的本色，不要随波逐流

记得在2003年的时候，我最喜欢的作家村上春树在回答记者询问自己有关“常年陪跑诺贝尔文学奖”这一事的时候，说了这么一段话：“对于我而言，最重要的是读者，我能做自己喜欢做的事情。诺贝尔文学奖那东西政治味道极浓，不怎么合我的心意。”这并不是村上春树的官方回答，而是他对自己的朋友也是他的御用翻译家林少华说的真心话。很多熟悉村上春树的读者都知道，村上一直都是这样，写自己想说的话，讲自己想讲的故事，不受名利烦扰，只求自己内心的安宁。

在日本文坛，村上春树就是这样一个别具一格的存在，他文风独特，行事常常也与他人不同。村上春树私下很少与外界往来，不属于任何的作家协会，不爱抛头露面，更不喜欢上电视。极少做报告，也不太喜欢接受采访。很多时候，读者都劝他要多出来参加参加活动，甚至有书粉主动提出要免费帮他打理他的宣传业务。但是，村上春树都选择了回绝。现今，许多人都想一夜成名，村上春树却努力将自己活成了一个普通人。他说：“不管全世界的所有人怎么说，我都认为自己的感受才是最正确的。无论别人怎么看待我，我都绝不打乱我自己的节奏。”村上这么说，也正是这么做的。正是这样极度自律，我行我素，村上的特立独行，最后让他成了日本文坛史上一道亮丽、不可被人忽视的风景。

亲爱的宝贝，你有没有想过，你到底想要过什么样的人生？我其实经常会思考这个问题。曾经我觉得这个问题很烦，因为选项太多，我感觉无从选择。后来我发现，其实所有的问题都可以用排除法选出最终的选项。如果，你不喜欢一直坐在格子间里，那就去选择自由地做事，如果你不喜欢喧嚣，不喜欢社交，你就选择独自去旅行。你看，很多时候，从一堆选项当中选出一个你最喜欢的是一件很困难的事情，但是学会挖掘自己讨厌的事情，再将选项一个个地排除掉，最终留下的就是你一直在寻找的答案。所以，人生从来都不是只有一条路能让我们慢慢接近自己想要的人生。

曾经有一个朋友跟我讲了这样一个烦恼：她性格活泼开朗，早在大学时代的时候她就很喜欢参与学校的各种活动，还担任过学校的宣传部部长。所以，她对于陌生环境的适应能力是特别强的，与陌生人沟通交流的能力也是蛮不错的。所以，跟很多刚刚毕业的新人不一样的是，她在入职不久就跟周围的同事打成了一片，很受领导以及老同事的欢迎。

原本，明朗的工作前景和融洽的工作环境让她觉得一切简直堪称美好。于是，那段时间，姑娘不管做什么事情都得心应手，信心十足。但是就在前两天，一位和她一起进入公司并且关系不错的同事告诉她，有好几个新人在她背后骂她心机婊，说她年纪轻轻，却尽会使一些手段，把同事和上司哄得团团转。听到这些以后，她委屈得眼泪都快要掉出来了。她说自己跟那些人从实习到正式入职，自己对待她们从来都是一样的亲厚，可为什么她们却这样诋毁她，自己又要怎么做，她们才会开心，以后才能更好地相处。

朋友这样问我的时候，我实在惊诧于她的反应。在我看来，明明不是你的错，又为何非得你来屈就她们？再者，既然绝大部分的人都已经认可你，又何必去在意这几个人的看法？人生在世，我们一定要获得所有人的认可才能心安吗？

亲爱的宝贝，人生就是这样。很多时候，我们总是迫切地希望能得到周围所有人的认可与肯定，所以很多时候我们就会过于在意别人的眼光和对于自己的评价，我们总是习惯于从别人的眼中查看自己，从穿着打扮到言行举止，再从工作态度到工作方式，我们总是小心翼翼地处理每一刻的自己。但最后，令人沮丧的是，你会发现：无论你自己怎么努力，哪怕你得到了周围99个人的认可，第100个人仍有可能会对你竖起冷眼。而你所认为的做得很好，或许也还是别人不满意的。所以，亲爱的宝贝，不要忘了这世间万物的多面性，人与人之间总是会存在着一些利益冲突，而一个人的人心，更是难以揣摩，这种种早就注定了我们不可能得到所有人的喜爱和认可。

因此，亲爱的宝贝，其实你要自己搞清楚这样一个法则：我们每个人都是世界上独一无二的存在，只要做好自己，按照自己的意愿好好做事，等到许多年后的某一天，自己回首过往的时候不会后悔曾经做下的一切，那便足够了。至于其他人，爱说什么说什么，爱做什么做什么，与你无关。亲爱的宝贝，你没有必要活成所有人都喜欢的样子，你也永远都活不成所有人都喜欢的样子。所以，做自己，就挺好。

世界千变万化，唯有坚持自我

小时候看《西游记》的时候，我经常会想：孙悟空历经九九八十一难，最后终于修成了斗战胜佛，听起来真的是好生让人羡慕和钦佩。但是大圣在成了佛以后，真的能开心吗？不再能驾着筋斗云到处玩儿，不再能和小猴子们一起疯耍打闹，也不再能去偷吃最鲜美的桃子，只能坐在那里安心念经……这些，真的都是孙悟空最后想要的吗？

或许，没有人会知道答案，就算是孙悟空本人，也未必会知道真正的答案。但是我知道，很多时候，我们都是这样，终其一生的努力，最后只是活成了大家期待的样子，成了每个人嘴里夸赞的对象。这样的我们似乎对得起世界上的每一个人，但你有没有想过，亲爱的宝贝，你是否对得起自己？你是否对得起曾经年少时对未来充满希望的你自己？

都说，子承父业。但是人生又有多少情况，也许只是上一辈的遗憾，想要寄托给下一辈的你来完成。当你在选择孝顺，继承长辈梦想的时候，可曾忘了你也有属于自己的年轻梦想。等到你中年的时候，是否又会将你未完成的梦想寄托给你的下一代？人生难道就是这样一代一代地循环，每一代好像都能成功，但是每一代也说不上来是否是真心地快乐。

亲爱的宝贝，人生在世，我们总是会遇到各种各样的情况，总是很容易一不小心就迷失了自己。因为，我们总是习惯在别人的眼中找到我们自己，于是就慢慢活成了别人希望的样子。或许直到我们生命的最后时刻才会发现，这好像跟我们一开始的期待并不一样。那什么样的生活是好的？什么样的生活又才是最适合我们的呢？我想，除了我们自己，没有人会知道这些答案。我们每个人总是有着自己不同的目标，因而有着不同的答案。但是，有一点对于我们所有人都不会变，那就是：在做任何决定之前，我们都应该学会做一件事情，就是用心感受自己的需求，用心想明白自己究竟想要的是什么，然后学会对自己负责。

有人说，人类作为群居动物，如果你不活成别人期待的样子，你所在乎的人只会慢慢疏远你，直到你感觉孤单。但是你有没有想过，亲爱的宝贝，一味小心地看别人的脸色，总是怕别人会不开心而小心谨慎地做着自己的每一件事情，就能换来你想要的一切关注吗？亲爱的宝贝，相信我，该喜欢你的人跑不了，不喜欢你的人依然不会有太大的改变，但是你的委曲求全却会让你无比苦恼。所以，亲爱的宝贝，学会做自己，学会努力多爱自己，做最真实的自己，走自己的路让别人说去吧。

曾经的你很喜欢出去旅游摄影，于是选择利用课余时间做兼职，最后终于攒钱买了一台入门级的单反相机。这时，有知道详情的室友对你既羡慕又敬佩。但也不排除会有寝室一些不知情的同学看到后，说你自私自利，肆意挥霍父母的血汗钱，换取个人生活的安逸。这时，难道你要拿个喇叭昭告天下你得到这部相机的过程吗？又或者，曾经的你为了更方便地办公写字，选择自己省吃俭用，用几个月不去看电影、不去旅游作为代价，换来了一台垂涎已久的苹果笔记本，周围知道实情的同事都对你的自律和努力啧啧称赞。却也不排除会有这样的一些同事，一走进来，就说你就是盲目攀比，爱慕虚荣。这时的你，难道又要一个个地解释让他们信服直到对你交口称赞吗？你看，亲爱的宝贝，可能哪天你路过公司楼下蛋糕店，发现店里正在限时打折。于是你选择自己掏钱为部门同事每个人带了一份蛋挞，或许大部分同事都对你表示由衷感谢，却偏偏有人在背后说你没事献殷勤，收买人心。即便是生活中一件很小的事情，只要转变成人心的度量和评价，一切就不再那么简单。

亲爱的宝贝，很多时候，我们的烦恼都来自我们总是去追求一些本不属于我们的东西。而所有人的认可和赞同便是我们不该追求的。但其实，只要我们学会做真实的自己，不媚俗、不沉沦，选择通过自己的努力种下幸福、收获幸福。并卸下戒备的面具，听从本心，你就一定就能活成自己喜欢的样子。

有思想的人会自己分辨是非

记得《欢乐颂》电视剧热播的时候，有不少人被里面的曲筱绡这一角色给圈粉了。剧中的她古灵精怪，看问题看实质，说话总是一针见血，不仅特别聪慧，而且特别的拎得清。这样的女孩子张扬热烈，就像是一杯烈酒，虽然一开始入口的时候会让人有辣嗓子的感觉，但是事后却让人感觉辣得很爽，大呼过瘾。细看曲筱筱的行事作风，办事从来都是杀伐果断。小小的个子里面总是隐藏着大大的能量，姐妹团谁遇上什么事情的时候，总是她最后果断决策，以至于高知魅力男人赵医生被她迷得神魂颠倒，甘愿将她捧在手心里，宠溺无限。

而剧中与她形成鲜明对比的便是隔壁房中的邱莹莹，一旦恋爱便失去理智，迷失自我。在她第一次将自己的男朋友白主管带回来见众姐妹的时候，曲筱绡便觉得对方是个渣男，无关其他，而只是凭借自己的阅历。于是，出于保护自家姐妹，出于想摸清他秉性的原因，她往白主管的口袋里塞了纸条，果不其然，一测就中。

拎不清的邱莹莹大声指责曲筱绡的多管闲事，面对指责，曲筱绡没有推脱，直接承认了自己的所作所为。邱莹莹气得不再理睬曲筱绡，换作他人可能会觉得气闷，不再多做解释。曲筱绡却选择了主动说明缘由，表明自我立场。一开始，她厌烦樊胜美的爱慕虚荣，嘴巴上也经常得理不饶人。但是在得知她为“小蚯蚓”出气的时候却对她赞不绝口，也在关关打电话告诉她樊大姐因为这事进派出所的时候立马找人帮忙，掉头就去派出所救人。

看剧的时候，真心喜欢曲筱绡这种拎得清的性格。她做事的时候，就像是有两套处事标准，是非分明。对于她在意的想要保护的人会给予无条件的保护和支持，对于她嗤之以鼻的行为和举动也会嘴贱到讽刺得别人体完无肤。从不在意别人会怎么看待她，只是用实际行动做好自己。

而剧中的邱莹莹就显得很是拎不清了。总是遇事鲁莽，做事毛躁，办事咋咋呼呼。在没有了解清楚白渣男的本性之前就不分青红皂白地臭骂曲筱绡，还连带着埋汰关雎尔不告诉她，与关雎尔冷战。这样的她其实像极了我们许多人中那种感情冲动、容易感情用事、黑白不分的人。

有人问，那什么才是拎得清？或许有些人的眼界和经历就决定了他看人的标准和行事的风格，两者之间其实根本没有什么对比性。但我想，亲爱的宝贝，所谓的拎得清，并不是说一个人要明白多少的大道理，而是你能认真地去理解生活中的一些小事情，去体谅别人的不容易和不得已，而不是自私地只从自己出发。从而，拎得清的你应当会明白，自己应该在什么时候做什么事情。因为，那些做事拎不清的人说话做事，非死即伤。而那些拎得清的人，不仅更会照顾别人的心理，也更会考虑所处环境的因素。他们与你相处的时候就像是一股春风，走到哪里，哪里便能暖和起来。试想，又会有谁不愿意与这样的人相处呢？

亲爱的宝贝，在社会这张大网里，任何的一段关系，但凡能维持到最后的，一定是能让彼此感到舒服的。而如何能让彼此感到舒服呢？学会明白是非，学会拎得清，是一项非常重要的准则。就像张爱玲曾经说过的："所有的女人，终有栖息之地，不是他人，唯有自己。"确实，观察我们身边那些活得轻松、幸福的人，你会发现，他们的故事，相对于普通的人们的启发往往就在于，他们总是拎得清的。

亲爱的宝贝，不管人生好与不好我们都要学会去迎接和拥抱。不管曾经发生过什么，我们每个人都要有热情和耐心去面对未来。对于曾经的那些过往，只有放下委屈的心态，我们才能获得最终的安宁。亲爱的宝贝，人生中的许多事情，我们只有跳出了当事人的圈子，学会冷眼旁观，理性客观分析，通过表象看到实质，你才会发现：其实，所有的真相都有迹可循。

亲爱的宝贝，人生中的很多事情，尤其是爱情，往往都重在遇对人，而不是让自己一直保持多努力、多认真、多么的不惧牺牲。往往，爱情只是心的怦然心动，只是灵魂的刹那交汇，而从不是你所认为的天道酬勤。因此，亲爱的宝贝，你会发现：生活中拥有幸福生活的人也都是拎得清的人。无论你遭遇多少挫折和低谷，但只要你有一颗拎得清的心，日子总是会过得越来越好的。亲爱的宝贝，学会明辨是非，学会拎得清，遇到人生中的任何事情都保持自己的理智，不要纠缠不清，更不要强求不放，欺人欺己。保持自己思辨的独立，做一个有自己主见的能明辨是非的人。

从自己的角度出发做利于自己的决定

记得大学临近毕业的时候，我们班级要评选“校级优秀毕业生”。很多人都知道，学校给每个班级的优秀毕业生名额一定是有限的。当时给我们班级的名额是班级人数的10%，班里一共有五十几名同学，只有5个学生能获得此荣誉。很荣幸的是，我当时就是这5人中的一个。但是，当时我有一个同寝室的女同学，可以说是我的死对头。同寝室的几年时间里，不管我做什么，总是会受到她的冷嘲热讽。按理说，如果我们之间存在一定的竞争关系，那我是能理解她的。可偏偏，我们之间从未有过任何相竞争的关系，我也实在不明白为何她会对我有这么大的敌意。

这一次，果不其然，我又听到了她在四处说我的不是。说我的优秀毕业生资格全靠拉拢老师，挤兑身边同学。总之，我觉得在她的描述下，我就是一个全靠吹捧巴结好学校老师生存的交际花。这种无中生有的造谣抹黑，经常让我感觉这不像是一个正常的年轻人应该有的格局和气度。

我静下心来思考，如果我不能当选这个优秀毕业生，那她会获得这个资格吗？如果即便我当选不了，她也得不到这个名额，那她又是为了什么呢？我实在百思不得其解，便决定在毕业之前一定要弄明白原因。于是，我好不容易约到她面谈。我说："你给我一个理由，大家都是成年人，有什么话就直接说，如果你觉得我确实是哪里做得不够好，或者是你讨厌我的理由确实是我存在的某个问题，我可以放弃这个名额。"后来，她说："没有原因，我就是讨厌你而已。"

"我就是讨厌你"，的确，在没有跟她面谈之前，其实我也知道这会是一个原因。但是当一个人当着你的面说出这句话的时候，说实话，我还是感受到了被伤害。曾经，我特别讨厌那种"损人利己"的人，认为他们太过自私，为了达到自己的目的，竟然不择手段地伤害其他人。但是后来，我忽然能理解这些人了。大多数的时候，我们所认为的损人，其实只是损害了自己认为的不正确；而我们认为的利己，往往只是因为利的不是我们自己而已。往大点说，如果损人的人能情商高一点，进入一种良性竞争，其实这是一个非常良好的生态链。而这种损人不利己的人，相较来说，才是最为恐怖的。因为他永远都像是一只无法被满足的小兽，即便你放弃得到的也不一定能满足他，唯一能满足他的，我想只有牺牲那个他讨厌的人。

曾经有一个朋友，跟我讲过他自己的一个经历。在他自己创业做老板以前，也曾在原来的公司里面碰到过这样一个人。这个人会在他的背后说尽坏话，说他如何靠着巴结一步步讨好别人。也会在他当选优秀员工公示的时候，写无中生有的匿名举报信……我问他，整天被这么一个人缠着，不会想着要离职吗？朋友笑笑对我说道："我为什么要走，该走的是他。我相信一个足够有脑子的领导和同事，都会更相信自己的眼睛，而不是耳朵。我只是想让他知道，做人可以不讲情分，但是一定要讲道理，有道德。"

后来有一次，整个部门就只有朋友和那个人一起加班，朋友出门拿外卖，结果中途折返拿车钥匙的时候，却发现那人正坐在他的座位上。那人看到朋友折返，一脸的尴尬，而朋友看到，自己辛苦加班做出来的方案就在计算机桌面上，已经被他故意删除了。但是那人不知道的是，朋友一直有用U盘备份方案的习惯。所以，第二天早上上班的时候，朋友还是正常向领导汇报了方案。这一次，朋友将方案被删除这件事情告诉了领导，他对领导说，损失一个人的方案并没有什么关系，但是这份方案是为了一个大客户做的，如果没有了，员工连夜加班不说，可能还会大大地影响方案的质量。毕竟，创意往往就是一瞬间的事情。

当日，朋友的领导虽然没有立刻处理这件事情，但是那个人对朋友的敌意和损害之心却是人尽皆知的事情了。后来，即便朋友没有做什么，那人自己却渐渐待不下去，最终选择了离职。

我欣赏朋友高明的处理方式，既保护了自己，也让那个人为自己犯的错承担了一切该承担的责任。亲爱的宝贝，损人不利己的人大概是在世界上最为可怕的一个存在，如果你不幸遇到了这种人，请千万不要心慈手软。

沮丧的时候，未免会想：自己的人生中为什么会碰到这么多损人不利己的人，明明你跟他们甚至都是陌生的存在。但是后来，我想明白了一件事情：亲爱的宝贝，不必去管今天你遇到的一切无所谓的撩拨，我们只需要管好自己明天有可能会遇到的伤害。在保持善良的同时，我们也应当保持警惕，在保持自己尊严的时候更要学会保持一种愤怒。而我们自己，千万不要去做那个损人利己的人。因为，时间那么宝贵，千万别把我们的时间浪费掉了。人生或许会遇到很多的困局，但是不管怎样，那个解局的人都应该是我们自己，那个应该获得尊重的人也应该是我们自己，那个不该让自己受伤害的，同样还是我们自己。

第6章

活得无情又深情，冷静又热情

生活中与人相处的时候，我们总是会遇到各种各样的状况，参与各种各样的事情。因此，我们的人生总是充满着酸甜苦辣咸。不幸的是，通常我们会遇到的苦难，都会是那些我们无法改变的事实，这样的事实通常令我们悲痛却又无可奈何。然而幸运的是，我们总是会在经历过一次苦难之后便会明白：一味地痛苦与自怜对我们的人生其实并没有太多的帮助。只有学会积极，乐观向上，用微笑的、客观的心态来面对生命中的一切苦难，让自己活得深情却又无情，冷静而又热情，我们才会真的开始成熟，最终成为梦想的自己。

人是哭着来到世间，却应该笑着生活

有时候，我经常会想：到底是什么在决定着我们的命运？是出身背景？是家庭环境？是勤奋努力，还是乐观以待？或许，这个答案没有人能说得清楚。但是，有一些事实，却是无可争辩的。

有一个人在春天的时候走进了一座美丽的花园，出来以后生气地说道："这是什么破花园，又脏又臭，下次再也不来了。"与此同时，另外一个人也同样走出了花园，却感慨道："简直太美好了，到处都是花香，到处都是沁人心脾的芬芳。"为什么明明是同样的花园，却让人有完全不同的两种反应呢？

原来，第一个进去的人发现，这座花园里居然有很多没有处理干净的狗屎。于是，他为了证明这座花园是脏的，便到处寻找花丛下的狗屎，注意力全部都放在了寻找狗屎上，结果也就看到了公园的肮脏。而另一个人进去以后，虽然也注意到了花园里的狗屎，但他却看到了更多美好的植物和风景，因此选择在花园里漫步，尽情地欣赏那些美好的风景。并且他知道，狗屎作为一种肥料，反而会让这座花园生长得更加繁茂。想到这里，这人便更加开心起来。

其实，亲爱的宝贝，这座花园就象征着我们的世界。而这两个人也代表了抱怨和感恩这两种截然不同的思维模式，更代表了成功和失败这两种不同的命运。可以说，一个人不同的思维模式会直接形成他不同的行为模式，从而导致完全不同的人生走向，最终变成两种不同的命运。就像是有一位智者曾经说过的那样：看到即得到。很多时候，你看到什么就会得到什么，这是在说，其实并不是你的知识结构和智商，又或者是你的家庭背景、出生环境等能决定你的命运，往往是你的思维模式能决定你的命运。因此，遇到任何突发状况的时候，我们应当要学会：转变自己的思维模式。而最简单、最直接的转变我们自己思维模式的方法，就是学会保持微笑，学会积极向上，学会不抱怨。

保持微笑的力量会有多大？曾经，我是不太理解的，觉得何必生活得如此辛苦，该哭哭，该笑笑，这样肆意一点，我们的人生不是更加容易快乐吗？但是，经历过以后，我开始明白，就像马云曾经说过的那样："面对困难，要永远保持笑容，尽管内伤很重。"亲爱的宝贝，不论什么时候，面对什么样的困难，我们都应该保持微笑。因为，你的微笑才有可能给你吸引来设法欢笑的人，而你的痛哭除了给你引来一堆看热闹的人和同情者之外，并不会有其他的用处。

现实生活中，经常会听到有人抱怨："我怎么这么不走运呢？每天总是有一堆倒霉的事情在缠着我，怎么就不能让我消停一下，有个好心情呢？谁能帮帮我呢？"亲爱的宝贝，答案就是你自己，只有你自己才能从根本上帮助到你自己。亲爱的宝贝，我们每个人的人生道路都是我们自己选择的结果，我们每个人的生活也都是由我们自己来过的。因此，不要总是逢人抱怨自己的不幸福，谁都会有倒霉落魄的时候；也不要遇人就总是责怪命运的不公平，谁也都会有悲伤难过的时候。我们的人生，没有谁能保证一帆风顺，没有任何坎坷。你所看到的那些人生一帆风顺的人，不过是正在努力或者已经习惯于将自己的心态摆正好了，才会看什么都会顺眼得多而已。所以，亲爱的宝贝，当你遇到生活中一些极大的困难的时候，不防尝试一下去建立强者思维——就是当面对生活中的一些困难、挫折时，不抱怨，不逃避，而是选择面对，直接去解决它。当现实和你的预期不太一样的时候，也不要急着抱怨，而是学会调整好自己的心态，查看一下问题的原因所在，然后再去改变可以改变的，接受不能改变的。这样长期坚持下去，就不会经常跟别人过不去，甚至是跟自己过不去了。

亲爱的宝贝，有人说："天地有大美而不言，静水流深，这看似深邃的天地万物，其实简约朴素，平凡安然。岁月的一朝一夕，一城一池，无不在每一段寻常的生活中，每一个从容的微笑里。"人生的任何时候，我们都应该要学会淡定从容，学会保持微笑。优秀的人不是不会抱怨而是会在抱怨以后迅速调整，保持微笑。他们知道：我们是在逆风而行，更应当学会保持心情的愉悦。然后调整状态，勇敢地迎风前进。

你光明，世界就不黑暗

早上醒得比较早，习惯性地翻了一下社交软件，遇到了同样已经醒了的朋友C。很长时间没有见面了，我们便有一搭没一搭地闲聊。他说："昨天又给公司创造了20万的净利润，现在在公司的工作感觉越来越自由了，基本上没人管我。"我一面发出羡慕嫉妒恨的表情回应，一边却在心底里替他高兴。C接着说："其实也是因为我比较自觉，有没有人管都还是这副样子。总经理还让我考虑一下做经理，哈哈哈，这样，总经理自己的级别也会更高了。"尽管没有见面，C的喜悦之情却于字里行间漫出了屏幕，而我作为他的朋友，也能感同身受，心领神会。

老实说，我能由衷地替C感到高兴，是因为我曾亲眼见到过他的转变。就在短短9个月以前，那时的C和现在的他，简直判若两人。那时，他总是喜欢找我抱怨、找我吐槽，而吐槽的对象经常就是他的总经理，吐槽的内容也都是对总经理的各种看不惯，以及自己的各种对抗经历。我知道那时的C心里很憋闷，也知道他走上了一个极端。但是，作为朋友，在当时的那种情况之下，理智告诉我，倾听是对他最大的帮助。后来，终于在一次和经理拌嘴以后，C负气选择了跳槽，重新换到了另一家公司。但是，C在新的公司发展得却并不顺利，在职半年多的时间里面，基本没有创造多大的利润。

就在C正考虑辞职换工作的时候，作为老东家的总经理却致电给他，请他吃饭，让他换工作的时候再重新考虑一下老东家，等等。但是俗话说：“好马不吃回头草。”C犹豫再三，还是没有答应。这回，总经理也是坚持地和C联系着，一次不答应就再找下一次，就这样，隔三岔五就给C去个电话，保持联系，想要C重新回去工作的诚意十分充足。C惊讶于都已经不在同一个公司了，这位总经理居然能知道他有辞职的念头，更惊讶于总经理对他的宽容和大度。当时的他明明是吵完架以后才选择的离开，自己曾经当着那么多员工的面顶撞他，没有给他面子，他却不计前嫌再三地请他回去，充满耐心和宽容。C想，看来以前是自己太小看了这位总经理，尽管他的业务能力不怎么样，或许还是有很多其他不一般的地方的。

思前想后，C最终带着四个同样想辞职的新同事一起回到了老东家重新开始。回去以后的他变得沉稳了很多，做事不再像以前那样直来直去，也一改以前和总经理的相处模式，相反，自己经常向他请教。后来有一次，他私下问总经理：“我并不是你下面最听话的一名员工，还是跟你吵完架以后才辞职的。你怎么还会想到邀请我回来呢？”总经理笑笑，回答道：“我需要的并不是一个听我话的员工，而是一个能踏踏实实为公司创造利益的下属。你的业务能力很强，能给公司创造利益，人品也不错，只是脾气差点而已。当然，在你看来，在别人看来，是我在邀请你、成就你，但其实，我在成就你的同时也是成全公司和我自己，所以，我衷心地希望能和你一起为公司创造更多的价值。”

总经理的一番话让C顿时明白了不少，他为自己曾经的冲动和坏脾气向总经理道歉，也放下了很多内心的包袱。C明白，“让自己变得有价值”才是他能重新回来的根本原因。同时，就像总经理说的那样，成就别人其实换个角度也就是成就自己。C对我说出这一番话的时候，我由衷地替他感到高兴，我知道，C这回是真的明白了自己人生的前进方向，也是真的懂得了成全的含义。

亲爱的宝贝，赠人玫瑰，手有余香。无论是在生活中还是在工作中，都请不要吝啬于成全别人，就像是那个经典的盲人点灯故事，盲人点灯看似照亮的是别人的路，但其实也成功地让自己避免了被撞。因此，亲爱的宝贝，帮助别人其实就是在帮助自己，这是一个很简单的道理，却也是一个人生很深刻的道理。

古人云：“乐民之乐者，民亦乐其乐；忧民之忧者，民亦忧其忧。”这句话的意思很好懂，当你在帮助别人的时候，看似全是付出，但其实，你已经为自己埋下了“乘凉”的种子，为自己开拓好了前进的道路，帮助日后的自己备下一条安全通道。因此，亲爱的宝贝，唯有学会与人和善，成全别人，才能学会成就我们自己，也唯有先学会成就别人，我们才能实现人与人之间的双赢或者是多赢。

没有人是完美的，你凭什么要自卑

只要是人，就一定会有缺点。缺点始终在我们每个人的身上客观存在着。不同的是，有的人自己注意到了，在慢慢改正；有的人没有注意到，还在任由发展；更有人只认识到自己的缺点，将所有的过错都归咎于自己。

亲爱的宝贝，金无赤足，人无完人。对于我们每个人都会有的缺点，我们无须逃避，因为任何的逃避都是对我们自己人生的不负责任。同时，我们也不应该故意漠视和不在意自身的缺点所在，毕竟缺点的存在已经让我们很难堪了。因此，亲爱的宝贝，对于我们自身缺点的最好态度就是——学会正视，然后改正它。

鲁迅先生曾经说过：“真的勇士，敢于直面惨淡的人生，敢于正视淋漓的鲜血。”很久以前，对于这句话我并不是很懂。直到自己经历过一些人生的挫败以后，才渐渐明白这句话的深意。其实我们每个人都要学会直面自己的惨淡人生，学会正视自己的缺点。有缺点也是作为一个有着七情六欲的人类非常正常的一件事情。对待自己的缺点，我们也大可以看得正常一些。就像是感觉自己的懒惰，总是爱睡懒觉和熬夜，首先我们必须承认自己的缺点，并且意识到熬夜对自己的巨大危害，慢慢调整，总有一日，我想一切都会有所改观；再比如意识到自己的贪吃，总是很想吃零食和过分贪食，也要先承认自己这个问题的存在，并且意识到这样的习惯恐怕会让自己的体重增长得非常快且不受控制。只有这样学会正视自己的缺点，我们下一步的行动才会变得非常有益。

亲爱的宝贝，当你能正视自己缺点的时候，就会对自己的问题有一个大致而清晰的认知。而等你明白了问题所在的时候，才会有可能有心去改正，才也有可能努力去行动。因此，亲爱的宝贝，我们每个人都会有缺点，没有必要因为自己的某个缺点而充满自卑或者自怨自艾。如果想要改掉自己的缺点，自己又缺乏有力的监督，不妨喊上周围的朋友，发动他们一起监督。就像是爱睡懒觉，早上起不来，除了闹钟以外，还有朋友可以一起互相督促，互相喊起床；如果想戒馋，那就学会每餐定量，强迫自己少去那些充满诱惑的地方，多看书，多锻炼，培养新的兴趣爱好就不会只想着贪吃了。

罗兰曾经说过这么一段话："当你喜欢自己的时候，你就不会觉得自卑，当你宽容别人的时候，你就不会感到自己和别人站在敌对的地位，能有这种感觉时，你即使仍然没有很多的朋友，你也一样会觉得满意和心安理得了。"确实，亲爱的宝贝，宽容对于我们来说，不光是给了别人一个反省改过的机会，更是给了我们自己一个无怨的心情。怨恨不光是对于别人而言，很多时候，也是对于我们自己而言的。怨恨自己的缺点，进而产生自卑的情绪，只会让我们自己的心灵永远生活在黑暗之中。而宽容自己，却能让我们的心灵获得自由和解放。亲爱的宝贝，于我们自己而言，宽容也是一个审视自己的新视角，将我们自己放在当今的新型、开放性的社会中去思考，去理解很多新的问题，才能更好地发现自己的短处，进而改正自己的缺点。

亲爱的宝贝，有些缺点会伴随着我们的一生，即便是再优秀的人，也不会没有缺点的存在。而我们既要学会接受和改正自己的一部分缺点，也不要奢望自己的这些缺点可以一下子全部改正。所谓金无赤足，人无完人，我们只有正确看待自己和他人的缺点，不因自己的缺点而产生过多的自卑，也不要对别人的缺点死盯着不放。只有对别人宽容一些、对我们自己善待一些，我们赖以生存的世界才会更加的美好、真实。人生在世，于人于己，选择多一分包容，我们对于很多事情就会多出一分理解和善良，于人于己更会多出一分希望。

亲爱的宝贝，我们每个人自己的人生都由自己做主，每个人也都有自己的优缺点和个性所在，我们没有必要去和别人进行攀比，更没有必要模仿他人。只要学会正视自己的缺点，宽容待己，即便没有人为自己鼓掌，也可以学会飞翔；即便没有人心疼自己，也可以变得更加坚强。亲爱的宝贝，我们的人生，很多时候，需要的不仅仅是执着和坚持，更多的时候也需要回眸一笑的洒脱和干练，只有学会舍弃、学会宽容，很多时候，坚持到底未必就会是胜利，放弃也不一定就代表着认输。适度宽容待己，正视自己的缺点所在，优雅地转身，又何尝不是一个更好的选择。

可以欣赏，但不要嫉妒愤恨

悲观地说，这个社会对于任何人说都是不太公平的。但是积极点说，也还是相对公平的。我们的身边，可能有的人一出生就含着金汤匙，轻轻松松就拥有很多你羡慕不来的优势。但我们的身边也同样不乏这样的事实：面对很多生来就不公平的事情，尽管处在不同的起跑线上，只要足够努力，就同样能变得足够优秀。关键只是在于，你怎么选择，你怎么决定你的行动和方向而已。所以，亲爱的宝贝，不管身处在什么样的环境里面，都不要羡慕嫉妒别人的拥有，我们可以对别人的生活表示羡慕和欣赏，但是没有必要嫉妒和愤懑，只要竭尽全力，我们也可以为自己拼出一个精彩的未来。而除了努力之外，这个过程中我们保有的心态很重要。

朋友小格大学毕业以后顺利地考上了市里的公务员，工作不久又跟机关单位工作的同事结了婚。夫妻两人都在事业单位，都有“铁饭碗”，这样的家庭组合可以说是让人羡慕不已。原本，小格对于自己的生活状态也还是很满意的。直到有一天，小格出去逛街的时候，偶然遇到了大学同学小影。小影在学校的时候是小格的好朋友，两个人曾经一起出去旅游过好几次，两人的家境差不多，成绩也差不多。只是毕业以后，各自去了不同的城市发展，慢慢失去了联系。这次，见到许久未见的小影，小格觉得小影变化很大，不再是以前那个她所熟悉的小影了。小影开着自己的跑车，戴着一副墨镜，整个人都显得神采飞扬。看着红光满面的小影神采飞扬地驱车而去，本来自我感觉一直良好的小格心里突然感受到了一阵酸楚。

一个月后的某一天，小格居然又在购物中心遇到了小影，小影正在试穿一件裘皮大衣。那件衣服款式考究，风格典雅，不论材质、工艺还是品牌，尤其是价格，都是小格可望而不可即的。小影却很轻松地对服务员说："帮我把试过的那些都包起来。"天呐，那些衣服的价格加起来够小格一年的工资了，而小影只是随意地试穿了一下就全部都买回来了。

这一下，小格心中彻底不平衡了，回家的路上，小格在脑海中一遍遍回忆小影的举动，甩都甩不开。后来，小影邀请小格去她家里玩，小格也没有去，她总觉得自己在小影面前，有一种灰溜溜的挫败感。小格越想越不是滋味，本来大家都是在同一起跑线上的，现在却突然有了天壤之别，所有的沮丧、烦恼和失落一下子都占满了小格的内心。

接下来的日子里，小格的眼前总是有小影的影子。她也不知道自己为什么突然对小影的事情变得特别感兴趣，尤其是小影的私事。

终于，小格发现了一条让自己很得意的线索，原来小影以前被一个结了婚的香港富商包养过一段时间，后来被富商的妻子发现了，两人才结束了包养关系。小影现在做生意的资本大概也正是那个时候的包养费吧。

得知了这条令人振奋的消息以后，只要遇到了自己以前的大学同学，小格都会很有兴趣地将话题引到小影的身上，将自己对小影的分析讲给大家听，甚至恶语中伤：“她有什么可神气的，不就是把自己卖了，顺带挣了点钱吗？”一时间，有关小影的流言蜚语在同学们中间飞速传播。每每听到这些流言的时候，小格的内心就能得到些许的平衡，一旦听到了小影正面的好消息，小格那几天的心情就会跌落到谷底。

亲爱的宝贝，你看，曾经一直以为自己幸福快乐的小格开始变得不再快乐，原因仅仅就是她碰到了一个比她更幸福的人。有了对比，才有了更多的伤害。确实，生活中的我们可能经常会因为别人的成功、别人的幸福，甚至是别人的春风得意而感受到自己的差距，进而产生失落感。即便你的表面还是很平静，但是内心却早已波涛汹涌起来，莫名就感觉到了内心一种无形的曾经让自己很骄傲的东西被摧毁了。亲爱的宝贝，而这就是已然悄悄在你内心滋生的妒忌之情。

其实，亲爱的宝贝，生活中的我们总归是与其他人都不同的，有了不同，有了差距，自然也就会有比较，而有了比较就难免会生出嫉妒之情。但是，亲爱的宝贝，我们可以让自己对别人充满羡慕，却不应该对别人充满嫉妒。积极的羡慕能让我们不断进取，而阴暗的嫉妒只会让我们失去原本的幸福，变得更加的不幸。因为，所谓“心贼难防”，不管是一个多么聪慧的人，只要感染上了“嫉妒”的病毒，最终只会让自己渐渐失去理智，堕入深渊。

别因虚荣心定错位，走错路

记得小时候学习莫泊桑的那篇《项链》的时候，女主角玛蒂尔德令我印象深刻。玛蒂尔德天生漂亮，但是却因为自己卑微的出身而难过。有一次，她有幸能去参加一场梦寐以求的上流社会的舞会。为了令自己更加迷人，虚荣心驱使她向朋友借了一串钻石项链。果然，佩戴上钻石项链的玛蒂尔德漂亮迷人，成了整场舞会的焦点。她的漂亮迷人不光让舞会上所有的男子倾倒，更让现场的诸多贵妇抛来羡慕的目光。这一场如梦如幻的舞会让玛蒂尔德的虚荣心得到了极大的满足。但令所有人都想不到的是，不幸却接踵而至。就在回家的途中，玛蒂尔德却不小心弄丢了这串价值连城的钻石项链。虚荣心驱使着玛蒂尔德羞于向朋友提及此事，更羞于向朋友表示自己囊中羞涩。于是，她选择了借钱重新买了一条同样的项链还给朋友。

而为此付出的代价是：玛蒂尔德夫妻两个人节衣缩食了十几年才最终将这笔债务全部还清。而当她的青春被吞噬的所剩无几的时候，无意中在路上碰到了那个借她项链的朋友，她仍旧是那么年轻优雅。玛蒂尔德向朋友哭诉自己这十几年为此付出的惨痛代价，结果却得知朋友借给她的项链不过是一串仿制品而已。

我曾想，可怜的玛蒂尔德得知了这一切的真相以后，会是怎样的无奈和痛心。原来自以为是给自己带来无限魅力的钻石项链不过是一串仿制品，而自己却因为虚荣心作祟，硬是将自己从一个温文尔雅的玛蒂尔德最终变成了一个青春耗尽的沧桑妇人。试想，如果当时玛蒂尔德坦率地向朋友说出项链丢失的事实，这一串仿制品的项链又如何会影响玛蒂尔德这未来的十几年。

亲爱的宝贝，虚荣心可以说是我们追求个人荣耀的一种强烈欲望。人非圣贤孰能无过，人生在世，我们总是会有自己的追求和强烈渴望，这的确是一件无可厚非的事情。但是任何事情只要超过了一个正常的度量，便会失去它原有的味道。就像是虚荣心，它并不是用我们自己的品质、业绩和成就去博得人们由衷的赞许和喝彩，而只是妄图依靠浮夸和毫不费力，轻而易举地就能博得别人的欣赏、尊敬以及仰慕。表面上看着很美，但其实只是一枝无根的花朵，一阵风吹来，很快就会散去。

亲爱的宝贝，古今中外，不论男女老少，不论贫富贵贱，每个人都会有自己的骄傲和自尊所在，但如果自尊过了头，发生扭曲，最终，只会变成我们的虚荣心。而虚荣心一旦在我们的心内扎根，不但会“开花”，更会结出苦涩的果实。

记得曾经在一个社交软件上看到过这样一段视频：视频里是一群小姑娘在商场里厮打。本以为会是什么抓小三的狗血情节，结果没想到，那么多人的互相厮打和争抢，只是为了星巴克最新推出的一个“猫爪杯”。或许是我表现得太过惊讶，旁边的朋友还贴心地为我解释了事情的原委：星巴克不知道从什么时候开始，同其他各大化妆品的品牌一样，开始借用“季节限量”进行营销推广。从一开始的限定饮品和隐藏菜单的搭配，席卷了社交软件首页以后，又开始推出一系列节日限定的限量款杯子。一时间，可以说是风靡了几乎所有的自媒体App。这一次，也是同样的营销手段，引起了广大网友的疯狂埋单。

说实话，我可以理解这种想要追求潮流的心态，但是却理解不了这种为了抢夺一件物品而置自己的形象于不顾，公然在外打架斗殴的举动。去除掉营销手段渲染出的可爱感觉，这个并没有特别惊艳、定价也不是很美丽的普通水杯，真的值得我们放下形象，花费这么大的精力通宵排队，甚至大打出手吗？我个人认为，并不值得。

事后，很多人都在抨击星巴克这一次的“饥饿营销”，认为这次的营销充满恶意。但是，亲爱的宝贝，这恶意背后的原因你可曾意识到，不正是我们的虚荣心吗？我们对一切稀有物件的追求所产生的岌岌可危的价值观吗？

亲爱的宝贝，当越来越多的人因为自己的虚荣心而产生这种畸形的消费观念的时候，这些畸形观念就很容易被利用成为促进营销的某个手段，到时候也只会吸引更多年轻小姑娘的认同甚至采纳。任由此恶性循环下去，只会让我们自己的人生变得越来越被动，越来越无奈。亲爱的宝贝，一辈子说来很长，但却真的很短，请千万不要让攀比和虚荣令自己变成金钱的奴隶。人生在世，我们每个人都在为自己而活，请务必对我们自己负责任一点，再负责任一点。亲爱的宝贝，希望你能记住：很多时候，穷并不应该是令我们感到自卑的理由，虚荣才是。

第7章

靠眼泪无法做到的事，只能靠努力去实现

经常会听到有人问，努力的意义是什么？努力就一定能实现梦想吗？我想，答案或许是否定的。

未成年、没有独立行事能力的时候，我们总是能靠着自己的眼泪和对父母的撒娇获得想要的一切。久而久之，我们便将眼泪当成了一种工具，以为“感动别人”“虽然我没有足够的实力，但是我却很努力”这样的态度能帮助我们达成梦想。但是后来，我们才发现，不光莫斯科不相信眼泪，职场中的绩效考核项同样也不相信眼泪。想要达成自己的梦想，夯实自己的基础，我们能靠的只有自己。

那些自带光芒的人背后，总有一份默默的努力

看《奇葩大会》的时候，看到这样一个“00后”，身上贴着“月入10万”的标签。这位“00后”是一位小姑娘，还是一名在校的高中生，当过coser（角色扮演）、写过小说，选过偶像女团，也做过微商，目前正在运营自己的公众号，后来做得有声有色，已经到了月入10万的地步。这位小姑娘还算是低调谦虚的，被问及这么小就这么优秀的时候，小姑娘非常成熟地表达了自己的努力碰上了一个好时机。姑娘谦虚的态度让我想到了另一个贴着“最年轻的霸道总裁”标签的“00后”，这位小伙子已经是一个公司企业的CEO（首席执行官）了，当有人问及他对于自己这么年轻就如此优秀的感受的时候，小伙子顺着话语炫耀了一番自己目前已经取得的成就后，还狠狠“吐槽”了成年人一把：“当我拿着几十万上百万的投资和奖金的时候，很多成年人还在打着王者荣耀，拿着基本工资，过着十年如一日的生活……”这样的话语让不少网友大呼“扎心”，更让我想起了大火的一篇文章《摩拜创始人套现15亿：你的同龄人，正在抛弃你》，也让我明白了这篇文章能够火爆的理由和论据。确实，如此一对比，我们的人生真的可以说是无地自容。

我仔细思考了一下，为什么人与人之间就是会有如此大的

差异呢？难道是他们的基因与我们的不一致？他们每天生活的时间也比我们多3倍？后来，我想明白了，问题不在于他们的优秀而带来的不公平的思考，而在于本身这样的比较就不是很合理。因为，我们每个人的出生环境和成长背景不一样，早就给我们每个人设定了不同的奔跑起点。也因此，我们会有不同的成长状况，最后会有不同的成长高度。不管你如何努力，最后变得多么优秀，这世上总还是会有人比你更加优秀、比你更加有钱、比你更加努力。这样的结果似乎听起来很沮丧，但却是无可辩驳的事实。我们并不是在说，因为不管自己怎么努力都改变不了世上有很多人还是比我们优秀这样的一个事实，我们因此就不努力。我们只是在强调：用两个起点不一样的人生去做对比，这样的比较并没有一定的可比性。因为，我们的人生重要的从不是相互比较已经取得的成就，而是每个人都能清楚自己的方向所在，然后一步一个脚印、不慌不忙地走下去，最终就一定能等到柳暗花明的那一天。

曾经听过这么一段话：努力的意义是什么？是为了能够看到更大的世界，是为了能够让自己可以有自由选择自我人生的机会；是为了以后能够不向讨厌的人低头，更是为了能够在自己喜欢的人出现的时候，不至于自卑地抬不起头来，而是充满自信、理直气壮地说出那句："我知道你很好，但是我也不差。"

确实，就像村上春树曾经说过的，不管全世界所有人怎么说，我都认为自己的感受才是最正确的，无论别人怎么看，我都绝不会打乱自己的节奏。而我们努力的意义，我想也正在于此。通过自己的努力，我们能找到自己的长处和节奏，然后瞄准自己的方向一直坚持下去，就一定会达到想要的效果。

见过周围太多的人将自己的20岁活成了五六十岁的样子。每天下班回家之后，没有什么事情就能躺一晚上，周末不愿意出门，只想躺在床上睡上一整天，抱着手机可以刷到天荒地老。这样的人生不是耗在了路上，而是耗在了没有意义的消遣之中。有人说：“不然我能干什么呢？我也已经很努力了，但是现实就是这样，无法改变。”但我想说，亲爱的宝贝，如果你觉得目前的生活不够美好，那可能是你还没有用足够多的努力为你自己创造更加美好的生活。我们的人生从来都不是因为足够幸运再去努力，而总是越努力才能越幸运。跑步也好，健身也罢，做任何项目，我们总会有几个月的适应期，在这适应期的时间里，可能效果相对没有那么明显，往往要等到熬过适应期之后才会出现期待已久的效果。可是很多人，往往就是连适应期都没坚持下来，还说自己已经努力过。亲爱的宝贝，人生中的很多事情也是如此，有的人之所以会比你厉害，只不过是他们比你坚持的时间更久一点，比你的耐心更长一点，也比你更能熬得久一些而已。

所以，亲爱的宝贝，请你相信：努力与否，你能得到的绝对是很不一样的人生。努力的过程中，我们无须盲目地去比较，比较只会让你越来越焦虑。生活在这个快节奏的时代里，我们能做的就是按着自己的步伐，坚持不懈地一步一步努力去靠近自己的目标，一步一步地不断向前奔跑。

为了你想要的明天拼尽全力

朋友小朱再一次跟我借了1000块钱，说是再一次，是因为这已经是她连续第三个月向我借钱了。每个月月初的时候她都跟我借钱，然后在月中或者月末的时候300、500地还给我。小朱是我从小一起长大的好朋友，曾经我们都住在同一个村子里。后来，小朱喜欢上舞蹈，自己偷偷攒了很久的钱去学习舞蹈。我曾经问过她跳舞想干什么，她说她的梦想就是以后能去美国的百老汇舞台上登台表演。别看现在百老汇已经查无此处的样子，但是在我们年幼的时候，百老汇可以说是所有表演人员梦想中的璀璨之处，能登上百老汇的舞台去表演，一定是极尽的光鲜和亮丽。毕业以后，小朱真的想尽办法去了美国，并想尽办法留在了那里。

家里负担不起小朱过多的生活费，为了生活，小朱做过各种兼职，打过各种黑工，唯一一次兴高采烈地和我描述正在做的兼职，就是在一个狭小的地下舞蹈教室里教别人跳舞。但是那个机构生源不足，她的课程总是排不满，所以每次也只能是临时帮别人代代课。大部分的时间里，小朱还是靠卖体力来维持生计，经常会连自己练舞的时间都没有。

家乡的人们对于小朱的行为有着两种不同评价，有人说她虚荣，因为混得太差没脸回国，所以骗自己的父母在美国生活得很好。更多的人想要规劝小朱回到国内，踏踏实实地专心练舞。说实话，曾经我也和大部分人一样，善意地提醒小朱何必苦苦坚持，一定要留在美国做着和自己的梦想毫不相关的事情，也不肯回国内安心跳舞。但是，小朱后来说的一句话打动了我，她说，自己在美国的时候，每天都要去百老汇附近走一走，仰望着街道两旁悬挂着的舞台剧的大海报，她才觉得自己离梦想是那么的接近。也只有这样，她才会重新鼓起勇气，再努力坚持下去。

梦想，总是这么的令人迷醉。拥有梦想本身，就已经是一件非常幸福的事情了。

曾经在楼底下的足疗店里认识一个姑娘，才二十出头，老家在贵州，高中毕业以后就选择了出来打工。为了生活，她做过很多份职业，也辗转去过很多个美发店、足疗店、饭店做服务员。她很喜欢和人聊天，所以一来二去的，我们也就熟识了。我曾问过她对于目前的工作满意吗，她说还可以，老板人还是很好的，虽然工资少了一点，但是提供食宿，换算下来也是差不多的。就这样，她和几个同事一起挤在旁边小区的地下室里，靠着那一点微薄的工资生活度日。说起最痛苦的时刻，她说不是银行卡里没有钱的时候，也不是连续吃了一个星期泡面的时候，而是有一天她突然意识到，在这个陌生的城市里，有一天即使自己死掉了，可能也不会有人知道吧。

尽管如此，她还是一待5年，她说可能还会继续再待个好几年。我问她："外面这么辛苦，为什么不干脆回老家呢？老家虽然赚得少一点，好歹周围都是一群熟识的人，至少不会感觉孤单，这边有这么大的魅力能让你觉得非留在这里吗？"她说："你问出这个话就说明你不理解上海这样的大城市对于我那种小地方出来的人的意义。"回到老家，确实，她会待在父母的身边，有大房子住，能衣食无忧。可是她就是想逼自己一把，想证明从她开始，通过自己努力，家族的命运由此发生了改变。每次跟她聊天的时候，我的脑海里都会浮现出这样一句电影台词对白：很多时候，我们努力，不是为了改变世界，而是不被世界改变。

亲爱的宝贝，人生就是这样，很多时候，那些你曾看起来无法创造价值的努力，对于正在努力的人来说，却有着非同寻常的意义。严格来说，时间从不会辜负任何人的任何一种努力。虽然努力并不一定会立刻为你创造出价值，甚至还有可能会让你失去原本拥有的东西。然而，这就是我们的人生，无法直接简单粗暴地计价。我们能做的，只有保持努力，保持向上，不断进取。然后，直到某一天，我们想要的通通悄然实现。

我能想象到小朱回国以后的大概情形，很可能还是同样在教人跳舞，也或许有了“海龟”这个背景，会让她在国内的生活好过得多，但是这辈子也就和百老汇没有什么缘分了。想来，即便她继续待在美国努力奋斗个十年八年，或许最终还是和“百老汇”这三个字没什么关系，但是这个过程却是大不相同的。有了这段在美国奋斗的回忆，或许她会更加清楚自己想要的是什么，也会更加珍惜自己幸福的人生。未来的某一天，她会想到自己曾经拼尽全力的样子有多美。而这，也就是平凡普通的我们努力奋斗的意义所在吧。

荏苒年华，莫辜负了光阴

记得很小的时候，我很喜欢画画，经常对照着图书馆里借来的漫画书，画里面的动漫形象。后来，爸妈看我对画画蛮有兴趣，便给我报了一个画画班，从素描开始系统地学习画画。上了半年多，老师非常认真地找我爸妈谈了一次话，具体说了什么我并不清楚，但是从那次谈话以后，爸妈就不再带我去学习绘画了。想来，老师应该是对我爸妈说，这孩子画画没天赋，再投资也是白搭。而且家里并没有人从事艺术相关的工作，即便学了画画，以后也还是没有什么出路，不如多花点时间学习文化课程诸如此类的话吧。

老实说，我对这个老师的感情是矛盾的。我知道她肯定是本着认真负责的态度才会及时让我爸妈醒悟，及早让他们放弃一条看来不太适合我的道路，但是从我的角度出发，我遗憾自己因为她在少年时代失去了通过画画来创造快乐的一个机会。因为从那以后，我爸妈再也不让我画画，也不再给我买任何的绘画工具。童年时那本动漫书是我保留下来的唯一一个与画画有关的物品。直到现在，我每次翻出它来，就忍不住拿起彩色笔画上几下。尽管，我的画真的很一般，但我还是选择了周末去画室上上课，画画东西。

周围的朋友经常说我就是喜欢做这些没用的事情，于是出于对我好的原因，她们会热情地帮我分析成本，不算学费、油费、午饭钱，光是按小时计算的时间成本，就是一笔不小的亏损。如果把这个时间用来做你擅长的事情，比如说写一篇稿子，你就可以赚到相应的稿费，而不是单纯的消费。或者，你还可以用这个时间来找人家去谈点合作，增加点公众号的人气，参加一下社交聚会多认识些朋友，再不济，哪怕是跑步健身，至少也能为自己日后省点医药费。最后，见我仍旧无动于衷，朋友终于恨铁不成钢地来了一句：“明明是个没钱又没闲的人，你怎么就偏偏喜欢做这些又花钱又没用的事情呢？”

其实我想说，朋友，你不知道，就是因为这些看起来对我而言没有任何价值的事情，却能让我学会更加热爱生活。人生在世，我们有很多必须做和最好去做的事情，这些必须做、最好做的存在往往会让我们感受到无奈和逼迫。但是尽管如此，或许在某个一点都不起眼的午后，在一个并不是很新的画室里，我却能安心地享受当下片刻的宁静，梳理纷乱的思绪，不想过去和将来，只在这一刻，将所有烦恼放空，与手中的笔和眼前的画布在一起。我知道，只有在这一时刻，才是我和自己在一起的时刻。而这种宁静时刻的积累却会让我的内心滋生出一种越来越强大的力量，让我能更加淡定从容，更加有勇气去面对现实，因为我知道，即便在这个时刻的我并没有创造出理想的财富，但是我的生活却依旧在以另一种方式奖赏着我。

讲真，我认为没有人能时时刻刻都在不停地创造着所谓的财富和价值，我们总归是有血有肉、会累会哭的人类，对于财富价值的过多关注，只怕是让我们变得更加浮躁的原因所在吧。很多时候，我们总是在担心自己是否正在走这一条错误的路，总是忧虑自己是否又浪费了那么多的时间，所以即便心有疑虑，却还是因为焦虑而不愿意停下继续前进的脚步。但其实，亲爱的宝贝，你我都不是天上的神仙，没有人能指出你现在走的路到底是一条直路还是弯路。与其用这种自我怀疑的精神不断否认自己，用将信将疑绊住自己前进的脚步，不如放心大胆地往前狂奔。因为我相信，这世上从没有任何一种努力会是浪费。我们在任何时刻做下的一种努力都会是一种积累，等待着某一天生根发芽、开花结果。因为我们的人生从不应该以结局的好坏来论断。

史铁生曾经说过这么一段话：人不是苟死苟活的物类，不是以过程的漫长为自豪，而是以过程的精彩、尊贵和独具爱愿为骄傲的。亲爱的宝贝，人类的本质就已经决定了我们行为的意义。其实，不管你接受与否，事实就是：我们的每一种努力都会有其价值所在，它会在我们人生的某一时刻转化成一种巨大的精神动力，为我们增添无尽的勇气，带来莫大的运气。或许，我们永远看不见这种强大力量的存在，但这并不能说明它的不存在，不过只是因为我们对于价值的定义太过狭隘。因此，亲爱的宝贝，请相信，不是所有的努力都会有一个让你满意的结果，但是每一个你付诸努力的过程都会让你变得更加的与众不同。而你我，需要做的，不过就是珍惜大好时光，努力向上，牢记时光温柔，切莫辜负就好。

每一个努力的过程，都会让我们与众不同

电影《百万美元宝贝》给我留下了非常深刻的印象，为此我去翻阅了无数的影评和背景资料，最终发现它能够打动人的魅力之处在于，剧情真的是根据某个真实的故事改编而成的。女主从小就因为父母的关系认为自己是个卑微到尘埃里的存

在，所以她经常喜欢用“垃圾”来形容自己。为了生存，女主小小年纪就跑去餐馆打工，成了一名服务员。尽管每天在餐馆里看着众多的食物，女主本人却经常饿肚子。餐馆有规定，不允许接触客人用剩下的餐点，没办法，女主只好假装家里养了一条小狗，每天需要给小狗寻找一点食物，祈求餐馆的负责人能让自己打包一点客人吃剩下的饭菜。靠此，女主顽强地活了下来。

而姑娘最喜欢做的事情就是打拳，只有在自己用尽全力打拳的时候，她才能感受到自己的存在和生机。于是，姑娘拼命攒钱，到跆拳馆交会费、找教练，她的举动终于打动了训练出无数拳王的教练，决定收她为徒。姑娘很努力，也很拼命，一步一步地按照教练的计划向国际赛场走近。然而，天不遂人愿，就在姑娘终于历经了艰难险阻，和自己的梦想仅一步之遥的时候，却因为一次意外而折断了自己的颈椎，再难以恢复，后半辈子可能都需要躺在床上依靠呼吸机维持自己的生命。姑娘不愿意自己就这样苟活下去，祈求这位待自己像父亲一般的教练结束自己的生命。几经纠结痛苦之下，他拔掉了姑娘的呼吸机。

姑娘走了以后，教练悲痛不已，他愧疚自己为什么要教她打拳，而不是让她做一名普通女孩。当年那个为他挖掘到女孩的老朋友对他说了这么一番话：“每天都有人会死去，你知道他们最后一个念头是什么吗？是我从来没有过一次机会。但是她得到了自己心心念念的这个机会，你知道她最后的念头是什么吗？是我干得不错。”

我不清楚老友的话有没有安慰到这名教练，但是却深深打动了我。看似令人惋惜并且毫无意义的一段奋斗过程，但是却能让我们的生命熠熠生辉。想来，就在姑娘做出结束自己生命的决定的那一时刻，她的心中也是充满感动和满意的。继续活下去，后半辈子只能躺在床上依靠呼吸机生活，而不能再继续从事自己喜欢的打拳，也不能再继续为了自己的梦想而努力奋斗，这样继续活下去才会是姑娘此生最大的遗憾和悲痛来源吧。想做而不能做，该是多么的无奈和悲怆呢。

看《牧羊少年奇幻之旅》的时候，也有很多类似的感悟。一名牧羊少年因为梦见了金字塔而决定放弃自己平淡安稳的生活而走上寻宝的旅程，历经千难万险，最终却假想在一个他经常过夜的残破教堂里面找到了梦想的宝藏。看上去他这一趟旅途白走了很多的路，浪费了很多的时间。但是，亲爱的宝贝，如果不踏上旅途，你永远都没有机会知道宝藏在哪里。我想，有了这段留在心里的冒险回忆，在未来的每一个日子里，少年都会比以前更加地热爱生活，都会知道自己曾经勇敢冒险的样子有多美。所以后来，牧羊少年说，生活对于追随自己天命的人来说真的是很慷慨了，实际上你不会走错任何一步。因为，每一个精神导师都在提醒我们，生命的本身是没有任何意义的，它取决于你赋予它怎样的意义。而很多人不知道的是，你赋予生命结果或过程的这个意义，其实会直接而深刻地影响你生活的品质，影响你心里的感受。

朋友毕业以后去了魔都工作上班，曾经无数次地向我吐槽自己一个人在魔都可能要支撑不下去了，挤在非法出租的地下室里面，挣着微薄的一点工资，这辈子可能都买不起魔都的一套房。很多时候，听到她这么吐槽的时候，我都想劝她回家。但是我一直没有说出口。一是，烦恼本身的存在并不会因为地点的改变而改变；二是，我很怕她真的听了我的话，选择了回家，却会在未来的某一天为自己没有再坚持一下而埋怨我；三是，还有一个更重要的原因，我总觉得自己的担心是多余的。或许她也只是想跟我吐槽一下而已，等到吐槽过后就会好很多，吐槽或许就是她释放压力的一个途径而已。毕竟，她说了这么多次的离开却始终没有离开，一定是有一个比离开更重要的理由能让她继续坚持下去。而这，或许就是我们努力奋斗的意义所在。或许，人生不是所有的努力都会让你立刻就有一个满意的结果，但是每一个努力的过程一定会使你变得更加与众不同。因此，亲爱的宝贝，毫无顾忌地去努力奋斗吧，每一种努力都会有它的价值所在。或许你现在暂时看不到，但是终有一日，这些能量的积累会在未来的某一个时刻，转化成巨大的精神动力，帮助你勇往直前，更上一层楼。

不用去羡慕别人，你也可以做得很好

很多时候我都会想，羡慕是什么？羡慕对我们而言，是好还是坏？曾经，我很是想不通，或者说是不理解。后来，越长大便越明白：很多事，本身并没有对错之分，只有尺度合适与否和用处几何。保持良好的心态，即便是产生任何情绪，我们都能泰然处之，任何情绪或者心绪对我们而言，都会是一件客观中肯的事情。

可以说，羡慕是嫉妒和立志之母。我们很多的情绪从一开始可能都只是羡慕而已，看到别人拥有的某种长处、好处或者是有利的条件，继而希望自己也能拥有。这实在是一件特别正常的事情，羡慕会发生在我们人生的任何时刻，在任何事情上，因为它与我们的心理息息相关。你羡慕别人，说明你有一种心理倾向，想要拥有和别人一样的东西，这种心理倾向可以说是一把双刃剑，如果我们处理得当，它会成为我们努力的动力，如果我们处理不当，这个羡慕之情只会变成一种嫉妒。

你羡慕别人成绩好，这会促使你努力学习、提高成绩；你羡慕别人身材好，这会促使你坚持运动、减肥塑身；你羡慕别人赚钱比你多，或许这会促使你不断提升自己，升职加薪。而当你的所有羡慕都变成嫉妒的时候，一切都会变得不一样了，你会常常被某些不健康的心理状态所困扰，无法前进，又无法退出。

我创业开始的时候，经常有人对我说，我真佩服你，一个人能同时做三份工。平时上班还做副业，下班回家还有家庭和孩子围着你转。老实说，听到这样的话语，我的内心只有两分开心，剩下的八分尽是疑惑。若不是生活所迫，我想要尽力改变，又何必如此辛苦付出呢？这种忙碌的疲惫又有何好羡慕的呢？再者，光说嘴上羡慕着我，为何自己又迟迟不肯行动呢？我想，这源于他们对自我的某些程度上的不满足，并且也仅仅限于这种不满足。因为不满足，所以他们并不会沉浸在自己的世界里，而是不断地向外观望，在这观望的过程中，刚巧看到了别人拥有你没有的东西，这时，羡慕便也产生了。

亲爱的宝贝，我们每个人都会有自己不满意的地方，这些不满意之处不光有外在的一些条件限制，更有一些自己的先天缺失。例如，与生俱来的出身，突然其来的天灾和人祸。这时，如果我们每个人都只是对别人表示羡慕，希望能依靠这些羡慕帮助我们自己去获得，这样的未来只会是灰暗和无望的。这时，我们应该学会摆正好我们自己的心态，过好属于自己的生活。因为，亲爱的宝贝，一切从不属于我们自己的生活，都不值得羡慕。

想起上次观看人民文学奖的颁奖典礼现场直播，当时一名女作家获得了奖项，上台去发表获奖感言的时候，女作家说道：“我们每个人都有自己的局限，你不用去羡慕别人为什么活得比你好，你只需要做到在自己局限的范围内，努力生活得更好就好。”说出这番话的女作家自幼就因为生病一直卧床。她羡慕别人可以活蹦乱跳，羡慕别人可以健康舒适，更因为羡慕过度而心生怨恨，恨老天为何对自己不公平。但是后来，杨绛先生的一番话安慰了她：无论人生上到哪一台阶，阶下有人在仰望你，阶上亦有人在俯视你。你抬头自卑，低头自得，唯有平视，才能看见真正的自己。于是，女作家开始明白：每个人其实都有自己的局限所在，只有把局限的自己过到最好，才不枉此生。后来，她决定躺下来书写，因为这才是最适合她的生活。而她，最终也不负所望。

亲爱的宝贝，羡慕也有它的好处，它可以给我们提供前进的动力，但是我们绝不能简单地模仿和复制那些引起我们羡慕的事物，更不应该直接将它们照搬到我们的生活中。或许，令你羡慕的事物可能很好，并且也体现了这个社会上正在普遍追求的一些价值。但是，亲爱的宝贝，它并不是你自己，这些价值也未必就一定百分之百适合你自己的生活。亲爱的宝贝，人非圣贤，我们任何人都达不到零羡慕的状态。对别人零羡慕，也并不是我们理想中的状态，真正理想的状态应该是能容忍羡慕，与羡慕共处却能不为它控制。并且，我们能接受羡慕所产生的不安，学会建设性地处理自我身上羡慕的情感，积极发展自我优势，开发自己身上曾经受到忽略的潜力。

亲爱的宝贝，与其羡慕别人，其实不如做好自己。告诉自己，将盲目的比较换成对自我理性的规划，把对自我不满的牢骚抱怨换成努力向上的行动，当你不再纠结自己的不满，不再抱怨自己的局限，不再时时观望别人的时候，或许你会发现，别人也正在羡慕着你。因为我们的人性，总是这样互相羡慕着。

第8章

不想处处碰壁，就得拒绝跟着感觉走

不知你是否发现这样一个现象：无论是在电视剧中，还是在我们的现实生活中，一个人如果总是自我感觉过于良好，他做事的结果与预期往往会形成一个巨大的反差。原因其实很好理解，当一个人自我感觉良好的时候，往往就会被自己大脑的主观想象所控制，不再听得进去别人的意见，完全活在自己臆想的世界中，甚至觉得自己无所不能，最终却处处碰壁。所以，亲爱的宝贝，不想让自己处处碰壁，就从现在开始，学会逆向思维，学会结果导向，学会脚踏实地，学会摈弃盲目的自信和自大。

放下你的自以为是

很多时候，我都会觉得，这个世界上最可怕的事情从来不是失败，而是一个人自以为是地活在自己虚假的臆想里。不管遇到了什么样的状况，总是有着千万个“我以为”，令自己的生活充满艰难，令周围的朋友无可奈何。其实，我们的人生不过是一次又一次的放下和再出发而已，承认自己的问题所在，放下你我的自以为是，这个世界上，或许并没有那么多的好与坏，只有适合与否罢了。

我的朋友小吕个子不是很高，身材却是极好的。最喜欢的装扮就是细高跟加上长波浪，眉目妖娆，穿着时髦，一点也看不出来已经是一个30多岁的人了。

有一次聚会的时候，小吕一进门，满屋子的男同志眼睛都直了一般地盯着她看，小吕完全不为所动，几步路走得风生水起，优雅地飘到我的跟前。服务生姑娘过来介绍本店特色，夸她的衣服好看，问她哪里买的。小吕笑眯眯地报上了商场的名字，女孩就笑了：“我也有一件类似的，也是在那个商场里买的，怎么穿上身就没有你这么好看呢？”极有可能只是姑娘一句开玩笑的恭维话，小吕却摘了墨镜，笑容满面又认真桀骜地说道：“这个……其实是人的问题。”讲真，我几乎能看到姑娘眼中翻过去的白眼，心底里暗自骂了声小吕“犟驴”。但是，认识十几年了，小吕一直都是这副样子，行事乖张、倔强直爽。

小吕是做律师的，并且她只接离婚官司，做法律援助。工作的时候，她长发高束、一丝不苟、专业精通、行事泼辣。离婚官司总是充斥着家长里短，通常都是清官难断。但是不管多棘手的离婚案子，但凡交到小吕的手上，就没有搞不定的。也因此，他们事务所里，上到老板，下到实习小妹，几乎没人不服她。

每解决完一个离婚案子，小吕都要来我家聚聚，跟我说是“享受人间温度”；每解决完一个家庭暴力案子，小吕也要出去旅游一下，修养三天。原本，我以为她只是疲劳过度，休假调整身体而已，后来我才知道，不光是修身，更是养性，重新找回自我。

小吕今年32岁了，至今未婚，并且拒绝恋爱。据她的父母说，那些给小吕安排过相亲的人，现在见了她都还想绕道走。关于她的婚姻大事，不管父母如何说教，小吕就是一个态度：不相信爱情，更不相信有什么人能陪她到天荒地老、能给她温情厚意。曾经，我很想知道她为什么会有这样的一种观念，会不会是职业使然，见到太多的离婚官司，反而将自己陷得太深。后来，我知道了另一个人的存在，是小吕以前的邻居小陆。

小吕12岁那年，遇到了搬家过来的小陆，小陆比她大5岁，是个尽职尽责的小哥哥，总是关爱着小吕。小吕的大名同“驴”音，其他的同学都会嘲笑小吕为“犟驴”，只有小陆，每次都是认真地喊着小吕的大名。也由此，年幼的小吕对小陆这样一个大哥哥的存在倍感欣慰。不止一次地对父母说过，高中毕业以后，一定要向小陆告白，做他的女朋友。5年前，小陆考上了清华大学，对于自己闺女喜欢小陆这样品学兼优的好孩子，父母乐见其成。于是，对于小吕要勇敢地追求小陆这件事情上，从没有过冷言冷语，只是鼓励她努力学习，也考上清华，才有可能。因此，考清华就成了小吕的人生目标。

谁承想，就在小吕高三下学期的时候，小陆的父亲出了车祸去世了，小陆也从此消失了一般，再也没有回过家。小吕一下子好像泄了气的皮球，失去了追逐的目标。也就是从那个时候开始，小吕立志要成为一名专业律师，任凭父母怎么苦口婆心、好言相劝，小吕丝毫不为所动，就这么闷着头一猛子扎了下去。高考、复读，然后一路从大学读到博士。等她进了全市最好的律所独挑大梁的时候，同龄人早已嫁人生子。而小吕，从此过上了与十几年前截然相反的人生。

小吕再见到小陆的时候，已经是10年以后的一个春节。小陆带着妻女和母亲回到了曾经住过的房子，家庭和谐，幸福美满。我原以为小吕可能会暴走，结果她却很平静。而就在我稍稍放下点心的时候，却接到了她父母焦急的电话，询问我有没有看到小吕，知道不知道她去了哪里。原来，小吕把律师的工作辞掉了，没有多说一句话，拉着箱子就走了。父母原以为她只是同平常一样出去旅游散心，结果出去三天了却没有接到任何电话。父母实在是熬不住，便焦急地四处打探。

我也不知道小吕去了哪里，却还是安慰他们，小吕有跟我联系过，让他们不要太过担心。3天后，小吕终于给我回了电话。她说："我自以为是地活了10多年，一直以为他肯定会回来。结果没有任何原因，他只是走了，结婚去了。"骂了一阵以后，小吕说："去他的人间疾苦，去他的律师，去他的小陆，滚！"

亲爱的宝贝，什么是自以为是？我想，自以为是不仅是你觉得自己都对，你还会因此而一意孤行、刚愎自用。就像是自己给自己织了一张网、困了一个局。我们总说"我以为"，殊不知，有多少人就活在这种"我以为"的假象里。我以为你爱我……我以为我可以……我以为他能够……我以为……但其实，亲爱的宝贝，很多时候，一些人，一些事，只要以这三个字开头，便意味着一种执迷不悟的开始，就注定了一种惨淡的结局。亲爱的宝贝，人世间的事，从来都不是用自以为是就可以解释的，甚至扭转改变的。而生活的荒谬，往往就在于我们每个人都有一套自以为是的"真理"。就像小吕，过得了千帆，胜得了万难，却唯独过不了自己的这份"自以为是"。但其实，只要放下你的执念，生活未尝不会给出一个新的开始。

得意时的谨慎，能够让你飞得更高

儒家大师南怀瑾曾经说过这么一段话：一个人春风得意的时候，要想到日后失意的时候，如果不这样做，就会得意忘形，而一旦得意忘形，那么他失败的种子就已经种下去了。俗话说："水盈则溢，月满则亏"，这其实就是我们人生发展的必然趋势，如果不能看清楚这个规律和本质，得意时一度自我膨胀，放纵自己的欲望，最终只会在事业顶峰的时候陡然下跌，从此再无翻身之力。

一个人功成名就、春风得意，处于自己人生制高点的时候，这当然是值得高兴的时刻。但是如果因此而高兴得过了头，并且丝毫不知道收敛，就难免会开始走下坡路，甚至一个不小心就会令自己栽到谷底。

亲爱的宝贝，我想做人最高的境界，莫过于抱朴守拙。明明自己什么都清楚，却还是一副傻傻呆呆的表情。这样的人从不张扬，不高人一等，总是平易近人，反而更加赢得众人的欢迎。亲爱的宝贝，社会其实是很现实的，人心更是难以预测。当你锋芒毕露、太过张扬的时候，极有可能引起别人的嫉妒和怨愤。仔细思考，这又是何必呢？我们想要炫耀自己，无非是想要获得别人的肯定和认可，但是如果因为太过张扬而受到别人的排挤，不能尽情挥洒自己的聪明才智，不知又是否会有遗憾呢？

亲爱的宝贝，人们常说祸从口出。古往今来，因为说话而惨遭祸事的人，其实从不在少数。就像是聪慧的杨修，看穿了曹操的心事，一句“鸡肋”的评论，虽是实言，却引发了曹操的担忧，早早要了他的性命。所以，如果杨修同司马懿一般谨言慎行，是不是也能同他一样活得更加长久呢？亲爱的宝贝，与人相处，我们切不可忘记谨言慎行，祸从口出。很多时候，生活中的那些成功人士，往往并不在于多么的聪慧，而在于他们有着超越常人的觉悟和认知。真正的英雄，并不一定要英勇猛于常人，却一定是能伸能屈优于普通人。

记得曾经有一位很成功的老板说过：“当你经过千辛万苦使你的产品打开市场的时候，你最多只能高兴5分钟，因为你若不努力，从第六分钟开始，就会有人开始赶上你，并在第七分钟的时候超越你。”亲爱的宝贝，作为一个成年人，在这个世界上追求属于我们自己的梦想，就应该要有这位老板一样的见识和思维，时刻明白自己应该要做些什么，不因为获得短暂的成功就变得骄傲。唯有如此，才能让自己的事业越做越大、越来越成功。亲爱的宝贝，春风得意须尽欢，但我们也应该要学会掌握好对应的度量。“水盈则溢，月满则亏”。这的确是我们无法逆转的自然规律，却也并不代表我们不可以改善和避免。如果我们能够学会把持住自己内心的骄纵，让自己学会谦卑，我们就一定能摆脱盛极而衰的人生规律。

亲爱的宝贝，人生最难把握的，莫过于“分寸”二字。分寸，往往是一个人在生活长河中的一个分水岭，我们的人生中做事最难的从不在于少做或多做，而在于，你将事情做到了什么程度。有些人之所以能在人生的路上顺风顺水，往往不在于他们的聪明绝顶，也不仅就在于他们的勤奋，更不在于他们懂得多少手段和方法。究其根本，其实在于他们对人性的洞察。他们懂得谦虚低调，懂得不在失意的人面前炫耀自己的成就，懂得体谅别人的情绪，更懂得隐藏自己的实力，积蓄能量。他们懂得什么叫作恰如其分，懂得什么叫作不偏不倚，更善于把握分寸。

亲爱的宝贝，做人做到恰如其分，可以说是我们每个人都追求的一个最高境界，因为往往谁能把握好自己的人生分寸，也就等于掌握了自己的命运。亲爱的宝贝，如果只图一时口舌之快，处处炫耀自己的得意和成就，或许，你只是心地坦白，毫无恶意，但是却极有可能因为思虑不周而伤害其他人的情绪。因此，自己说话小心点，为人谨慎些，不光能使自己置身于进可攻、退可守的有利位置，牢牢把握住自己人生的主动权，更能令自己受到别人的欢迎，得到更多对自己更有益的条件。而一个喋喋不休、只会到处炫耀的人，只会令自己显得浅薄俗气，缺乏内涵。就像是西方的那句谚语所说的：上帝之所以给人一张嘴巴两只耳朵，就是想要让我们多听话而少说话，保持谦虚谨慎，保持低调自省。这样，我们的人生才会更加顺风顺水。

只会羡慕别人的人将一事无成

一群朋友一起聊天的时候，聊到我们各自小时候的事情。后来，我们发现，不论我们现在有多大的差异，小的时候，我们都有一个共同的敌人，叫作“别人家的孩子”。这个别人家的孩子伴随了我们成长的每一步轨迹，常常出现在我们的噩梦中，我们越弱小，他就越强大。当你贪玩不听父母话的时候，当你顽皮引得父母咒骂的时候，他们就会立刻出现，优秀的光芒照得你无处遁形。因此，长大后的我们，终其一生，都在努力想要变成曾经父母口中的那个“别人家的孩子”。所以，我们会羡慕别人，会不自觉地拿自己去做比较，最后惆怅自己的人生，暗自嗟叹自己的不顺。其实，亲爱的宝贝，别人的人生纵然值得羡慕，但是他也一定会有你无从得知的小小烦恼。或许，你在羡慕着他，殊不知，他也正在羡慕着你。所以，我们能够做的，不过是做好我们自己，在我们充满局限的小小人生里做到最好，过好属于自己的真正人生。

仔细想来，我们对于人生成功的定义无外乎，有份好工作，有着丰厚的薪资，然后按部就班，结婚生子，并且家庭幸福、生活美满。于是，为了这份成功，我们中的很多人或许正在做着自己并不擅长的工作，扮演着父母心中的重要角色，然后将父母的期待当成我们自己的梦想在不断努力着。然而，真相往往却很残忍：或许，我们努力耗尽了力气，最终也还是赶不上父母的期望。又或许，我们辛苦钻营半生，所获得的远不如别人轻轻松松就能获得的。我们想要做父母心中的好孩子，羡慕别人的光鲜和轻松，想要成为他们想让我们成为的人。但是有多少时候，我们可曾想起问问自己想要什么？想要成为什么样的人？或许，终其一生，我们都无法成为自己梦想的那个人，也没有办法站上自己梦想的人生制高点。世界的资源就是这样有限并稀缺，很多的结局也许从一开始便就注定了。因此，亲爱的宝贝，不要只让自己羡慕别人，慢慢告诉自己：我可能真的做不到。然后认清现实，努力做好自己能做好的事情。

偶然听到两个小姑娘在谈论着某某明星，然后感叹，他们赚钱好轻松啊。曾经有无数次，我看到明星的时候也有过这样的感叹。但是现在，当我懂得这些客观道理的时候，我却明白，他们赚钱真的有电视上表现的这么轻松吗？我想答案绝对不会是。你没有走过他们曾经走过的这些路，又怎么知道他们没有吃过足够多的苦？反观我们自己，是否又曾有过这么清晰的梦想，是否又曾付出过为了梦想而勇敢尝试不怕失败的坚持。日复一日，年复一年，时光流逝，如果现在的我们却还是曾经的我们，那就说明，对于梦想，我们从来只是想想而已。那么，就请从现在开始，学会给自己拟定出一个清晰的人生规划，学会自律、学会坚持、学会步步坚持。

明确一下，你是羡慕那种看似不劳而获挥金如土的人生，还是确实想要触及那样的光芒和成就？你对他人的羡慕是因为有了钱财权势的加持，还是因为被他们独具魄力、勇敢积极的精神所吸引？

亲爱的宝贝，希望我们都不要成为那种以为别人赚钱很轻松就不再对人生保持积极态度的人；希望我们不要只会羡慕别人的美好生活，总是将别人的成功归结于运气或者是爹妈。而是选择低下头来，切实看清楚自己脚下正在走的路，然后勇敢坚定地朝着你想要去的方向迈步，找到真正的我们自己，而不是丧失了我们的个性和好奇心，甚至迷失了自己的方向。终有一日，你会发现，亲爱的宝贝，那些我们身体里的缝隙，那些我们与生俱来的局限，又或是生命的残缺，也会成就一个特别的我们。

自律，才能更优秀

什么是自律？百度百科上说：自律，出自《左传·哀公十六年》，意指在没有人现场监督的情况下，仅仅通过自己要求自己，变被动为主动，一个人就能自觉地遵循法度，严格约束自己的一言一行。又指不受外界约束和情感支配，个人根据自己的善良意志按自己颁布的道德规律去行事的一个道德原则。

我为什么会提及这个问题？因为我发现，不知从什么时候开始，自律貌似火了。一度成为许多年轻人正在追求的闪亮标签。打开朋友圈，今日打卡第五天，今天阅读第七天，今日背英文单词第十五天……诸如此类的内容几乎每天都能看到。当然，也不乏打卡了三五天以后再也不见踪迹的人。因此，我想，自律并不应该只是一时兴起，而是一种稀缺并且优秀的品格。现实生活中的我们，大多数都会斩钉截铁地出发，结果却踉踉跄跄地折在半路。更有甚者，往往刚刚迈出一只脚准备前进，就被懒惰所绑架，最终赌气似的回到了原点。

亲爱的宝贝，自律，不应该只是一时兴起。一个真正自律的人，应该敢于冲破安逸的牢笼，敢于抑制自己天性的贪婪，更有着超乎常人般咬定青山不放松的坚韧和不撞南墙不回头的勇气。

或许，很多人会疑虑，平凡的我们，没有出国深造的可能，也没有同外国人每日交流的必要，我们又那么自律干吗呢？其实，亲爱的宝贝，自律并不只代表着积极努力地学习文化课程知识，自律可以表现在我们生活的方方面面。哪怕是平常的健身，足够的自律就会给你带来不一样的人生。

柏拉图曾经说过这么一句浪漫的话语：自制是一种秩序，是一种对于自我快乐和欲望的控制。因为自律和控制力就像是我们身上的一个开关，只要按下这个按钮，就可以激活我们身上不同的闪光点，让我们能有资格拥有属于自己的金汤匙。

朋友小D曾经是一个200多斤的胖子，某个午后突然醒悟过来，准备瘦身开始新的人生。通过3年时间的努力，他不光自己瘦身成功，更是从一个什么都不懂的健身小白变成了美国运动协会认证的专业私教。回看这3年，就连公司都变成了自己的健身房，随时随地都能够抓起一件物品当成哑铃；原本为了改善自己的饮食习惯，决定动手自制更加适合的健康下午茶，结果却莫名其妙做成了公司的限定单品，甚至还被邀请去电台做节目，客串拍平面广告，等等。有人说，这样的人生未免太过梦幻，但事实就是，只要持之以恒，自律到底，你也会变得越来越优秀。

有句话我特别认同：人的一切痛苦，本质上都是对自己一种无能的愤怒。生活中的我们有多少人都是这样无形地消耗着我们自己，明明想要寻求一些改变，又总是不断地给自己找借口，想要阅读、健身打卡，却又发现自己根本抵挡不了美食和游戏的诱惑。直到最后，就变成了一个死循环——明日复明日，明日何其多。于是，到了年底的时候，有人在欣慰回望一年的荣耀和收获，有的人却只能在背地里悔恨自己当初的懒惰与懈怠。亲爱的宝贝，在别人埋头自律的时间里，你一直都在纵欲地享受着，那就不要去羡慕别人的收获与奖励。

记得曾经遇到过这么一个女同事，坚持两年每天都坐最早的一班通勤车去公司学习英语，不管天寒地冻，还是昨晚为了一个项目熬夜到多晚，每天5点准时起床赶车，等到别人晃晃悠悠吃完早饭准备上班的时候，她早就已经完成了好几套的模拟题。而反观我们，有多少人只是在嘴上嚷嚷着要考雅思、托福，一到具体行动的时候却打起了退堂鼓。既请不起外教，也没有时间去背单词，身边更没有良好的语言环境。学英语这件事情就这样被搁浅、被放弃了。而这时候，我的那位女同事，早就已经开始准备考商务英语的专业证书了。当有一次公司接待重要外宾的时候，就只有她有资格陪同出席。你看，亲爱的宝贝，你有多自律，你就会有多出众。我们的人生不能只看到眼前的难熬。拥抱自律，这一刻开始的你，才会更有含金量。

亲爱的宝贝，其实人生真的是很公平的，它不会辜负任何一个真正勤勉努力的人，只会让那些假装努力的人无处遁形。你如果认为那些天生起跑线高的人，毫不费力就能得到想要的一切，那只能是因为你只看到夹心面包中间的那一层。而那些真正自律的人，他们从来都不会将自己的出身和际遇当作限制，而是真正意义上做到了“饿其体肤、劳其筋骨、苦其心志、空乏其身”，最终真的做到了增益其所不能。说来复杂，但就真的只有如此简单而已。亲爱的宝贝，人生就是这样，只有拿你有的，努力去换你想要的，你才能更上一层楼。自律，其实只是强者的一种本能。学会控制自己的欲望，从来不意味着牺牲，而是为了赢取更广阔的人生。亲爱的宝贝，人生的任何一种成功，都没有捷径可走。想要获取成功，你不光需要有足够强大的耐心和魄力，还需要给我们的人生足够多的酝酿和蛰伏期。当你人生出现某个固化的时候，勇敢地走过去，那便是另一番景象。我们的人生不是没有机会逆袭，而是你在面对安逸、欲望的时候，看你怎么选择。而那些选择全力以赴、勇敢去战胜它的人，不出意外，总是会活得很酷。

总有一些命运掌握在我们自己手中

清华大学曾经有一名来自云南玉溪的传奇学生——矣小沅。说到“传奇”这个词语，或许都是我们这些不明就里的外人对他的客观评价。而对于矣小沅自己来说，这不过只是他正常的人生而已。矣小沅在年仅6岁的时候就患上了类风湿性关节炎，10岁之后再也无法像正常人一样独立地行走，后来，他只能坐在轮椅上度过余生。但是，轮椅从来都困不住一个真正想要奔跑的人。高考的时候，矣小沅以679的高分考入了清华大学的计算机系，这在当时引起了轰动，坐在轮椅上的矣小沅成了当年同等专业清华在云南省招的两个人中的一个，这对矣小沅的人生，可以说是一个莫大的鼓舞，更是他人生的一个重要的转折点。

可以说，在清华这座高手如云的象牙塔里面，计算机系中的很多学生都是在世界性比赛上拿过大奖的大咖。大一刚刚入学的矣小沅在全年级130多位高才生中，也只能排名到90多名。

这样的现实并没有让矣小沅气馁，反而激起了矣小沅强烈的求知欲望。矣小沅知道，考入清华，的确是自己人生的一个重大突破，但这个突破只是为自己提供了一个奋斗的平台，想要改变自己的命运，需要做的还有很多很多。于是，你能看到矣小沅一动不动地在宿舍里坐上5个小时来写编程的作业；你也能看到他风雨无阻地认真去上学校安排的每一节课。

天道酬勤，人生从来都不会辜负那些真正付出努力的人。大三的时候，矣小沅作为主要人员参与了“计算机自动集句作诗SRT”的课题，还在此技术上进阶开发了“Web端和移动端的集句作诗系统”。大四的时候，矣小沅更是以全校前十名的好成绩获得了清华大学的特等奖学金，并且被保送到了清华大学计算机系的智能技术与系统国家重点实验室，继续攻读硕士学位，目前更是加入了人工智能的研究队伍中。

亲爱的宝贝，你看，其实人生说来真的还是很公平的。它不会辜负任何一个真正勤勉努力的人。当别人只是迈出几步就戛然而止，然后大叫人生真的太不公平的时候，矣小沅这种真英雄的存在只会照得这些假装努力的人无处遁形。也不要说，自己生来就缺少什么，生来就处在怎么样艰难的环境里面，亲爱的宝贝，谁的人生不是一片荆棘丛中长了几朵鲜花般的存在，想要拿到鲜花，就注定了我们必须要走过挡在身前的这片荆棘。而差别不过就是，有的人内心强大，纵使荆棘再多，看到的也只是鲜花的娇嫩；而有的人，看到荆棘就不想迈出脚步，最后却在羡慕别人的那片荆棘从中的鲜花更多更好采摘。但其实，亲爱的宝贝，一切不过只是你的不同选择和付出而已。

大学的时候，我迷上了玄幻小说。从此，知道了唐家三少的存在，回想当年阅读《光之子》《狂神》《善良的死神》等作品的时候，那份藏在内心的激动和热血至今难忘。而这些年销量曾经超过两千万册的玄幻小说，无一例外地都是出自唐家三少的手。爱屋及乌，喜欢一个人，始于才华，终于人品。因为喜爱他的作品，我开始关注作者本身，了解到他的人生经历。可以说，作为中国最早接触互联网的那批人，唐家三少起初也只是因为热爱阅读网络小说，后来因为工作中的便利条件，便常常在下班之后一个人在单位待到特别晚，追更那些热门小说。当时的互联网尚未普及，他喜欢的很多小说都更新得很慢，满足不了他自己内心的喜悦。于是，他开始决定自己写。而这一开始，就注定了他不一般的人生。

据统计，目前为止，他一共写了有4500多万字，平均到每天，最少写8000多个字，而这一坚持，就是14年。就算是偶尔的生病发烧，就算是结婚，他都没有间断过一天。所以，你看，亲爱的宝贝，你认为那些天生起跑线比你高的人，不过是比你多了一份坚持和忍耐而已。那些你用来看电视休闲的下班时光，被他们用来坚持自己的某一项热爱，然后拼了命地练习，直到最后发扬光大，毫不费力地就得到了你曾经梦想的一切。这些人不管出生在哪里，都有着一个共同的特点：他们从来不会接受命运的摆布，他们从来不会只相信命运的存在，他们也从来都不把自己的出身和际遇当成自己发展的限制，而只是懂得“天将降大任于斯人也，必先苦其心志，劳其筋骨，饿其体肤，空乏其身，行拂乱其所为，所以动心忍性，增益其所不能”。于是，他们懂得不向命运低头，他们懂得自己拥有什么、缺少什么、想要什么。然后，用他们自己有的，去努力换自己想要的。直到最后，实现自己的逆袭。

第9章

你与未来，只差一场脚踏实地的行动

说得很多，想得很多，但是却做得很少。我想，这应该是我们每个人都或多或少存在的一个通病，也是我们中的有些人能够轰轰烈烈获得成功，有些人却只能平平庸庸碌碌无为地混日子的主要原因。

亲爱的宝贝，我们的生活并不是用来妥协的。很多时候，你退缩得越多，可喘息的空间就会越少，我们的生活也不应该是用来将就的，因为很多时候，你表现得越是卑微，那些你所期待的就会离你越远。所以，亲爱的宝贝，想要在不久的将来，为自己争得更多，那就请学会脚踏实地，然后你会发现：你与梦想之间，差的不过就是这一场脚踏实地的行动。

真正的快乐并不是什么都不做

曾经看过这么一则离奇的新闻：一名29岁的年轻人生活在西雅图，他自幼热爱飞行，但是成年以后却只能在机场做地勤工作，于是有一天，他偷偷绕开所有人的注意，凭着早就烂熟于心的经验，驾驶着一架飞机飞向了蓝天，整整75分钟都没有被人发觉。在那75分钟里，他就是一名自由的飞行员。事情披露以后，有人问他为何要选择这么冒险，他的生活在外人看来堪称美满，他有一个幸福的家庭，工作总是按部就班。年轻人只回答了这么一句话：“我只是不想要一个无聊的人生，想要实现我自由的梦想。”

尽管会触犯了相关法律，年轻人还是甘愿用这75分钟的时间和经历成就只属于他自己一个人的人生高光时刻。后来，许多美国人称赞他是“空中牛仔”。我们不评论这件事情的对与错，也不推崇更多的年轻人以身试险。只是不由得想起了偶像北野武曾经说过的那句：“无聊的人生，我死也不要。”

无独有偶，去年夏天，一位名叫岩室纯子的日本老奶奶火了。尽管已经83岁的高龄，纯子老奶奶却是一名全亚洲现役最高年龄的人气DJ，每个月都会在日本最时髦的新宿夜店里做DJ演出，除此之外，她还经营着一家饺子店。店铺经常被粉丝们评选为“最好吃的饺子店”，每年都会有很多慕名而来的游客前来打卡。

看到这个新闻的时候，我一直在想，等到我83岁的时候，又会在干吗？或许，就只会泡茶遛弯甚至窝在家里走不动路了吧。但是现年83岁的纯子老奶奶却在打碟、考驾照、学英语，未来还计划着要去上大提琴培训班、学骑马，等等。亲爱的宝贝，你看，和纯子老奶奶相比，我们才二十几岁人却活得像个老人。而纯子老奶奶当初想要成为一名DJ的原因也很简单，她不愿意这辈子只做一个围着丈夫转的主妇，想要让自己的人生拥有更多的独特体验。所以，即便是外人看来的疯狂也好，不理解也罢，纯子老奶奶还是选择做一切自己想做的事情。于是，这世界上就少了一个碎碎念的老奶奶，而多了一个会穿潮服、脚踩恨天高的高龄女DJ。亲爱的宝贝，你看，人生的精彩与否和其他一切都无关，只关乎你自己的心态，由你的内心决定你从此选择无聊还是继续奋斗。或许，一开始，你会被别人称为太作，但是你心里清楚：不管前一天如何，第二天，太阳还是照常会升起。但是我们的人生如果不去经历，就永远都不会有任何的阅历。所以，亲爱的宝贝，我想，我们的人生最害怕的往往不是跌倒，而是一辈子平淡无味，还骗自己说平凡可贵。

亲爱的宝贝，我们是谁？答案不在于我们的出身，不在于我们所处的国度和地区，而在于我们经历了什么、选择了什么。有的人好似永远被困在了原地，对生活失去了想象力，总是看着差不多的风景，结识着差不多的人群，然后每天过着差不多的日子。或许，他们的内心也曾有过波澜，想要有所改变，但是最终却还是保持原样，不曾改变。亲爱的宝贝，其实，生活永远都会给我们两个模式进行选择，你选择了轻松模式，时间一晃而过，等到回首过去，却发现经历苍白得像个孩子；你选择了困难模式，选择去勇敢地体验不一样的人生，选择去尝试自己内心的渴望，当你回首，时间也是一晃而过，但是你看到了外面更精彩的世界，体验到了更加丰富的人生经历，迎接了更多未知的挑战，写着你人生履历的那张纸上，早已经默默地被丰富的颜色填满，满面绚丽。

亲爱的宝贝，勇敢地去你向往的任何地方，去做你自己想做的任何事情。一旦决定了，就不要回头。虽然在这前进的过程中，必然会有风雨，但是至少在这过程中的每一刻，我们都是在流动和更新的。所以，亲爱的宝贝，告诉我们自己，去大胆地尝试生命中的新奇，去主动做生活中的体验派，告别无聊，告别闲着，而不必以“有没有用”去衡量人生中的每一段经历。只有自己去看过了世界，你才会有更为丰富的世界观，这样不无聊的人生轨迹，即便最后是失败的，也还是有值得我们回望的经历。所以，亲爱的宝贝，简单却无聊的人生还是困难却丰富的人生，你选择哪一种？不管怎样，告诉我们自己：不要因为自己的胆怯而停下观察世界的脚步，也不要因为自己的怯懦停下脚步而找借口，更不要在年老的时候给自己机会抱怨年轻时的狭隘。只有活在当下，才能及时行乐。世界这么大，我们都必须要出去看一看。无聊的人生，我们千万不能要。

你不行动就不知道自己会有多成功

都说，如果不逼自己一把，你可能永远都不会知道自己可以优秀成什么样子。这句话似乎还有另一种说法，千思万想，不如立刻行动。立刻行动，即便再晚，也比永远没有进步的好。

记得之前在朋友圈曾经看到这样一段文字："我想你有很棒的梦想，我也相信你有能力去实现它。但是没有行动的梦想，却永远只能是空想。我希望，每天叫醒你起床的不是闹钟，而是你内心的那一片渴望。"亲爱的宝贝，确实，实现人生的梦想需要我们的行动，更需要我们拥有强大的精神动力和执行能力，但是往往，很多时候，我们中的太多人却因为所谓的挫折而忘了自己内心最初最渴望的那个梦想。我想，这段话适用于我们所有人，而不光只是世俗口中的"穷人"。贫穷与否，从来不仅取决于你所拥有的物质财富，更依赖于你内心的精神财富。

听过很多人说，女孩子嘛，只要长得够漂亮，性格够温柔，以后嫁个好人，日子就不会太差。但是，我想说，亲爱的宝贝，生活可从来不会因为你是女孩就对你怜香惜玉。不论你是否是一个美女，没有自己的一技之长，只会依靠自己漂亮的皮囊，等到岁月流逝，皮囊老去的时候，你还能依靠谁呢？你又当真能提前预测到生活中的一切变数吗？而对于女孩为什么要努力，我以为，因为只有我们足够努力，足够优秀了，你才有可能会遇到更优秀的人，你的下一代也才能得到更好的更优秀的教育，不是吗？亲爱的宝贝，你要相信，一个本身优秀的人教育出来的孩子就一定不会太差；一个本身优秀的人，遇到的另一半自然也不会太差。因此，亲爱的宝贝，想要改变自己身处的糟糕环境，想要让自己生活在优秀的氛围中，不管如何，立刻行动开始改变自己，让自己变得足够优秀，才是我们行动的第一步。

记得蔡康永曾经说过这么一段话：“15岁的时候，你觉得游泳很难，于是你就放弃了游泳，等到了18岁的时候，你遇到了一个你很喜欢的人约你一起去游泳，你却只好回他说‘我不会耶’；18岁的时候，觉得学习英文很难，于是你放弃了学习英文，然后等到你28岁的时候，出现了一个很棒的但是需要你会英文的工作，你也只能对对方说‘我不会耶’。”亲爱的宝贝，人生就是这样，前半生偷懒，后半生就会错失很多你想要的东西。得到了轻松，必然也会失去奋斗的乐趣，这就是我们的人生，就是我们的成长。所以，亲爱的宝贝，如果老天善待你，给了你优越的生活，那就不要收敛起自己的斗志；如果老天对你百般阻碍，那更不要磨灭了你对自己的信心和奋斗的勇气，凡事只要有了开始，就永远都比原地踏步来得强。

亲爱的宝贝，你怎么开始度过一天，最后就是怎么过完一年。而人与人之间最大的区别可能就在于，别人都是按天过，你却在按年来生活。如果我们每天下班回家的时候，你都在跟自己暗示："这一年快过去了，我不能还是这样。"那么，至少，你每一天都会去做点什么来改变一下自己。很多时候，我们总是被各自的生活推着往前走，而从来没有停下来仔细想一下：这一天我还能做出哪些改变？哪里还做得不够好？人生就是这样，亲爱的宝贝，日子就是这样推着推着，就把人推到了年底，推到了来年。但是真正的高手却永远都是让自己按天来过，而不是按年来过，只有永远有意识地过着每一天，我们才会真正有意识地过完每一年。

记得曾经有一个朋友，每天早上6点起来早读，坚持了一年多。有一次我问他："你这一年都这么早起来，累不累？"他说："不累，有目标感挺好的，一开始会很想放弃，有过煎熬的一段时间，但是久而久之就习惯了，现在停下来的话，我反而会不习惯呢。"亲爱的宝贝，你看，凡事有了开始，就会有所进步。其实，很多时候，坚持做一件事情是并不累的，累的是总是浑浑噩噩地生活，没有任何的目标。就好像在年底的时候，那些抱怨自己这一年什么都没做的人，你真的以为他们不累吗？我想，他们其实更累，因为他们那种疲倦来源于心底。他们每天也在忙，忙的事情不是别人让他们做，就是公司让他们必须这么做。亲爱的宝贝，这世界的幸福就是这样，给自己一点期待，勇敢开始，然后再这样坚持下去，珍惜自己每天的时间，让自己按照自己的意愿去生活，一年下来，你就会有着比别人更大的进步，拥有更多的舒心和放心，而不是担心。因此，过完我们的这一生，你觉得谁会辜负你？亲爱的宝贝，你怎么过完这一天，就注定着你怎么过完这一年，或许，也暗示着你将怎么过完自己的一生。一个人平静地努力着，刻苦地训练着，低调地往前行，才能去创造出一个更好的自己。因为，亲爱的宝贝，只有更好的我们，才能够配得上更好的生活，而想要成为更好的自己，就只需要抓住时机，立刻行动就好。然后你会发现，亲爱的宝贝，你远比你想象中的要优秀很多。

必须马上行动，才能对不满意的自己说“再见”

这些资料放在那里，扔掉可惜，不扔又实现不了任何的价值。每每看到的时候，只能证明自己是一个不善于开始并继续坚持下去的人。因此，亲爱的宝贝，必须学会给自己制定一个完成的具体时间和最后期限。将你自己每月、每周、每天的每一项工作都制定一个完成的最后期限，并在完成以后给自己一定的激励，如奖励自己吃一个冰淇淋，奖励自己看上一部一直想看的电影。因此，学会不断激励自我，不断约束自我，最终，你就一定会养成雷厉风行的良好作风。

亲爱的宝贝，我们每个人的成功从来都不是仅仅来自自我的期待，而是在我们持续的行动中最终光临的。只有养成一个良好的习惯，做任何一件事情都在规定好的几分钟、一天或者一个星期内完成，每一件事情都给自己一个最终的期限，果断开始，并努力赶上自己定下的期限，跟拖延说“再见”。只要我们有了这样的开始，我们就一定能够变成更好的自己。

亲爱的宝贝，我们的一生中可能会有很多的梦想和理想，当我们确定要开始做的时候，就一定要学会排除一切外界的干扰和诱惑，马上行动，立刻就做。否则，没有行动，即便是再美好的梦想最后也只能是幻想而已。最终，对于我们个人而言，也只能是说不出的遗憾，甚至是抱憾终身。因此，亲爱的宝贝，记住我们人生成功的秘诀就在于立刻行动，就在于“现在就做”。许多人总是说要等，等到一切条件具备了再去行动。殊不知，亲爱的宝贝，良好的条件从来都是等不来的，只有立刻开始的行动才能为我们创造更有利的条件。所以，亲爱的宝贝，任何小事，只要开始做起来，哪怕只有几分钟，也会是一个良好的开端，也会带动我们更容易地做好更多的事情。

所以，亲爱的宝贝，请你相信：现在的时光就是我们眼下最好的财富。如果我们能完全地沉浸其中，便可以得到一种美好的享受。只要开始充分利用我们现在拥有的每分每秒，而不必去考虑已过去的往日和自然会到来的将来，抓住当下的时光，未来的我们就一定会有所作为。

很多时候，我们都好似会有一种错觉：仿佛现在什么都不用做，到了未来，一切便会无条件地变得更好。所谓“车到山前必有路，柳暗花明又一村”，这是很多人会聊以自慰的话语。但其实，亲爱的宝贝，稍加分析，你就会知道，这样的道理其实毫无逻辑可言。何为未来？未来其实是由我们的过去和现在所产生出来的。如果我们能做好现在，必然也会拥有一个美好的未来。美好的未来并不会无端地就来到我们的身边，它只会从我们过去和现在的这一片刻产生出来。就像是如果我们能保证工作的每一个时间段都很有效率，那么我们自然就拥有高绩效的一天，晚上便能按时下班，回到家里就能做自己想做的一些事情。亲爱的宝贝，你看，就是这么简单，活在当下，抓住现在，我们的生命就会有质量、有价值，我们的职业生活也会更加精彩。

过去已去，未来未至，我们又该怎么做才能抓住现在？我想首先，我们必须要彻底根除办事拖拉的坏习惯，从现在开始就立刻行动。很多时候，我们总是习惯于给自己找这样那样的借口来解释自我的拖拉行为。例如，今天刮风下雨了，天气实在是太热了，今天身体有点不舒服，等等。确实，人吃五谷杂粮，我们并不是完美无缺的机器，可以昼夜不停地一直工作，也没有必要让我们自己的生活过得如此紧绷。但是，过度拖拉的结果，就是本来应该今天完成的事情结果拖到了明天，明天的事情又顺延拖到了后天。就这样，事情越积越多，也从简单慢慢变得复杂。直到最后，容易的事情变成了困难的事情，原来10分钟就能解决的一件事情慢慢发酵变成了一天才能搞定的一件事情。而这种遇事喜欢拖延的恶习，不仅会让自己在周围人的眼中变得“不靠谱”，更会让自己丧失效率和功能，自我的潜能得不到发挥，最终一事无成。

有人说：“我也不想拖延，但我就是控制不住自己，到了那个点我就是不着急，等到回过神来的时候，就已经过了时间点，再追也来不及了。”其实，亲爱的宝贝，这只是没有用对方法，没有学会给自己列出一个计划，制定一个期限。越是喜欢拖延的人越应该给自己制定出一个最后的期限出来。总之，想做某件事，就马上行动，才能对不满意的自己说“再见”。

真正的好运，都来自你此刻脚踏实地地努力

大家都说：“好看的皮囊千篇一律，有趣的灵魂万里挑一。”每个人都在追求漂亮皮囊的同时，也在渴求着有趣的灵

魂。或是源于自我，或是寄希望于相处的另一半。现今社会，我们看到过太多版本的成功，有人认为一夜暴富就是成功，也有人认为不断地挑战自我、超越自我，总是能成为更好的自己才会是成功的人生。我想，就像是可遇而不可求的“有趣的灵魂”一般，幸运得来的一夜暴富往往也缺少真实度。只有日积月累地不断提升自我的内在修为，脚踏实地地不断行动，才能真的万里挑一。

毕业以后，跟同事一起相约考证的时候，总是会听到有人说：“我工作真的是太忙了，根本没有时间复习看书，有什么好的办法能快速通过考试啊？”也有人说：“天呐，我都毕业这么多年了，拿起这些专业书我就头疼，就好像看天书一样。家里还有两个孩子需要我照顾，每天睡眠时间也不够，哪里还有时间看书呢？要是能直接花点钱不参加考试，直接拿到证书就好了……”每每听到诸如此类的抱怨，我都在想，这世上还有那么多脚踏实地在努力的人，如果成功的捷径可以来得这么轻松、这么方便，那这对于那些真正努力的人来说，也未免太不公平了吧。

或许，我们的人生从本质上来说，并没有真正的公平可言。我们从出生之时，就注定了每个人站着的不同起跑线。但是，亲爱的宝贝，站在同一层面的我们，其实都是相对公平的。下着大雨，对于两个都没有雨伞的人来说，谁奔跑的速度快，谁淋的雨就更少。而这，就是公平所在。再者，人与人的差距，往往并不在于起点的区别，而在于面对问题的时候，你是否能以积极的心态去解决问题，去面对一切。每个人都渴求成功，这一点无可厚非，想要为了自己的成功寻找最快的捷径，这也是人之常情。但是，很多时候，成功的最快捷径其实无须外求，而应该从自我出发向内求索。然后，你会发现，对于任何人来说，即便是那些拥有超多资源的人来说也是一样，想要成功，必须依靠自我的坚持。我们每个人在追求自我成功的道路上，都有自己需要坚持的事情，都有自己需要不断努力的方面所在。或许是因为专业不同，或许是因为不同的职业使然，我们每个人需要追求的事物不同，每个人需要努力的方向也不尽相同。但是，想要获得各自领域内的成功，我们就只有坚持，只有依靠自己脚踏实地地勤奋和努力。

刚刚做完月子的宝妈丹丹同学，觉得接近4个月的产假时间，“只用来带小孩，简直太浪费了”。于是，短短4个月的时间里，每每哄宝宝睡着以后，丹丹都在看书做题；每每推着婴儿车在楼下晒太阳的时候，丹丹就在默背英语单词；晚上宝宝入睡以后，丹丹仍在刷题。就这样，通过4个月的坚持努力，丹丹最终以185分的成绩，如愿顺利考入了山西财经大学的MBA专业。别人产假结束去上班，都在忐忑原先的职位不保。丹丹产假结束到了单位以后，却很快接到了升职加薪的消息。

亲爱的宝贝，你看，我们的人生就是这样。其实，没有哪个人的成功会是一帆风顺、轻而易举的。很多时候，你只看到他们成功后的光鲜，却看不到他们为了成功，又付出了多少超乎常人的努力。所谓春华才能秋实，只有立刻行动，我们才有可能会获得成功，也只有不断地付出，我们才有可能得到理想的回报。一辆火车静止不动的时候，往它的八个驱动轮前放一块小小的木块就足以让它永远停留在铁轨上，而一辆奔跑的火车却可以撞穿5米厚的钢筋混凝土。你看，亲爱的宝贝，行动起来，行动才会让你具有强大的威力，我们每一个想要有所作为的人都应该想到就做，马上行动。就像著名思想家歌德曾经说过的那样：“只有投入，思想才能燃烧。一旦开始，完成在即。”任何时刻，我们想要达成某项目标的时候，一味地计划和空想，一直地等待对我们而言是收获甚微的，只有拒绝拖延、现在开始，立刻行动，或许你会发现，成功也并没有那么遥不可及。

亲爱的宝贝，很多时候不逼自己一把，不将自己放在那个绝境上。或许，你永远都没有机会知道自己有多优秀。我们的人生从来都是越努力越幸运，从现在开始立刻行动，不断积累，等到某天机会来临的时候，我们就会有足够的条件和资本并抓住它，实现自我的逆袭。

再好的想法，也要行动才能变成现实

在一个深深的老鼠洞里，老鼠家族正在召开一场紧急会议。会议的中心问题是集体讨论如何对付家里新来的那只喜欢搞偷袭的花猫。因为这只花猫的突然袭击，这个月它们已经折损了不少的老鼠兄弟了。老鼠们讨论了好久都没有想出一个好主意，直到一只小小老鼠提出来，可以在花猫的脖子上系一个铃铛，这样每次花猫走路的时候就会发出铃铛的声音，自然也就弄不成偷袭啦。小小老鼠的主意得到了所有老鼠的一致赞同。但是很快，大家都安静了下来，因为小小老鼠接着问道："那我们谁敢去挂这个铃铛呢？"

这个故事不禁让人哑然失笑。很多时候，我们不也正跟这群老鼠一样吗？幻想或者想象是我们每个人都会做的一件事情。遇到困难的时候，我们每个人也会有许多幻想中的办法，因为幻想其实是一件再舒服不过的事情，它没有风险，无须胆量，更不受现实条件的约束，还会让你在自我的世界里成为英雄般的存在。但是等到具体行动的时候，我们却又都失去了该有的勇气。睡时千条路，醒来走原路。我想这大概是我们每个人成功路上的一个绊脚石，也是阻碍我们每个人不断前进的最大症结所在。

生活中的我们都有过这样的经历：有一段时间想尝试一下冬泳，便尽情地幻想着在数九寒天的时候，自己跳入冰冷刺骨的河水中自由游弋，豪迈而又壮烈；有一段时间特别想要学习钢琴，便尽情地幻想着自己在耀人的舞台上悠然地表演，指下行云流水，心中无限美妙；有一段时间特别想要学习一门外语，于是跑到书店里购买了一大堆的学习资料，还将决心下了又下，每天一定要保证一小时以上的学习时间……一切的设想在脑海中的时候，都是美好并没有实施难度的，但是当热情渐渐冷却以后，我们却失去了跳入冰水中的勇气，却不想再继续忍受日复一日练琴的单调和枯燥，也不能放弃每天的休闲时间说服自己埋头苦学。这一切美好的幻想都变成了一纸空文，我们的生活仍旧还是原地踏步。

曾经，有一位画家想要画一幅以某个历史事件为主题的画，这个历史事件在其他的画作中鲜有表现，但是场景却是很生动形象的，如果能画出来，一定是一幅很具有感染力的画作。想到这一点，这位画家着手开始翻阅了大量的历史书籍，对整个事件的各种细节已经了然于胸。朋友对他说："以你的超高画技，如果能够早日完成这幅画，一定会为你赢得巨大的声誉。"画家听了很是激动，摩拳擦掌跃跃欲试。

一年以后，朋友无意间再次提到了这幅画，让画家拿出来让他开开眼。谁知，画家却根本还没有开始动笔。画家犹豫着想要找理由解释一下，最终却还是说这段时间太忙了，在等等吧，等后面有空了就开始画。

亲爱的宝贝，生活中的我们在很多时候都跟这位画家一样，对我们自己的人生总是有着诸多的设想和规划，也有着十分美好的理想和愿望，但是却始终缺乏实际行动来实现它。这样一来，亲爱的宝贝，你我都知道，即便是构思出再有价值的东西，也只会是胎死腹中，令人惋惜，不是吗？

亲爱的宝贝，我们的生活中，没有人会因为你的一个美好想法就会送你一个美好的前程。想要实现自己的设想、实现自己的梦想、达到自己设定的目标，只有让自己尽快行动，越快越好。亲爱的宝贝，人生的梦想如果不去行动，最后就只会是妄想。而想要让我们的梦想变成现实，其实只需要一个行动开始而已。每一个人都没有办法预知自己的未来。因此，我们没有办法去预测将来的自己会需要用到哪些技能，具备什么样的条件。就像乔布斯曾经说过的："你不能预先把点点滴滴串在一起，只有在未来回顾的时候，你才会明白那些点点滴滴是如何串在一起的。"因此，亲爱的宝贝，不管现在的你掌握了什么知识或者是经验，或许在现在看是没有任何益处的，但是在未来的某一个时刻，说不清楚什么时候，就会给你带来想要的资源，帮你满足某个条件。因此，亲爱的宝贝，等到机会来临的时候，一切的前提是你已经掌握到了某种技能，拥有了某种技能，而不是仅仅想过如果这么做的话会怎么样。然后只能眼睁睁地看着机会从眼前错失。所以，亲爱的宝贝，如果意识到自己对某一方面感兴趣或者是感受到自己哪一方面的知识需要补习的时候，不要犹豫，立刻行动。

很多人经常会说，“如果我再用功一点的话，我也能成功”“如果我再坚持一下的话，我也能成功”“如果我当时也开始学习的话，我今天也可以成功”。亲爱的宝贝，一个行动往往胜过千百个空想，那些已经成功的人，和普通人最大的区别就在于，很多事情他们真的去行动了，而我们没有。开始的时候，我们只能望其项背，久而久之，就变成了望尘莫及。所以，亲爱的宝贝，坚定自己的信念，积极地投入实现梦想的过程中，脚踏实地地去实践，去行动，最终就一定会有一份属于自己的精彩。我们的人生即便是只有一个小小的目标，也需要用行动才有可能会实现，而人生的很多大成就，往往也正是由这些小目标汇聚而成的。所以，行动起来，亲爱的宝贝，让我们一起用自我的行动为自己的梦想添柴加火。

第10章

你的眼光与格局决定你的未来

俗话说，心有多大，舞台就有多大。同样，一个人的格局有多大，心就能有多宽。都说，谋大事者必须要先学会布局。确实，亲爱的宝贝，很多时候，对于我们的人生这盘棋来说，我们首先要学会的可能并不是技巧，而是布局。拥有一个大的格局，能让自己在面对一切变数的时候以一个更大的视角切入，就不会让自己太过拘泥于眼前的得失，从而心生怨怼。反而能让自己站得更高、看得更远、做得更大。

亲爱的宝贝，你的眼光和格局很多时候，都比你的努力来得更加重要。一个人有了大的追求、大的愿望，往往才会有大的忍耐、大的包容、大的视野，也才会更清楚什么是可为和不可为，怎样做才够可为，何时才能可为。所以，亲爱的宝贝，一个人有着什么样的胸襟和眼界，就会得到什么样的风景。当你选择站在高处的时候，整座城市也就变成了几座楼房；当你在飞机上从云端俯瞰整座城市的时候，城市也就变成了盆景。

学会破局，才会有更美好的未来

很多时候，我们总会遇上很奇怪的情况：明明很想找时间学习，想要提升自己的能力，让自己摆脱忙碌的状态，但却发现好像已经忙到了根本没有时间学习；明明很想通过创业赚取我们人生中的第一桶金，却发现如果没有第一桶金，我们根本就连创业的机会都没有。这些矛盾的时刻就像你明明很想要进到一个房间，却发现钥匙就在房间里，想要拿钥匙就得先进去。这样的事情有很多，我们的生活每隔一段时间就好像会走进一个无法解开的死循环，令我们身心俱疲。也因此，我们总是会有这样一个感觉：贫穷的人好像会越来越穷，忙碌的人会越来越忙，而富裕的人也好像越来越富裕。

或许，你会反驳，因为我们身边也有很多人依靠着自己就实现了从贫穷到富有的转变，这一点，确实如此，我们无法反驳。但是，总的来说，贫穷的人似乎更加贫穷，忙碌的人似乎更加忙碌。曾经《稀缺》的两位专门研究贫穷和忙碌之间的关系的作者做过这样的研究，给一群贫穷的人发放补贴，最终会发生什么呢？结果是，贫穷的人并不会考虑保险、投资、学习之类的事情，只会用这个补贴去购买更多的柴米油盐。贫穷的人之所以会这样，就是因为他们最缺的就是柴米油盐。所以，你看，亲爱的宝贝，一个人缺什么，你就会越关注什么，从而让自己进入一个“稀缺”模式，看不到其他更重要的事情。当你越是贫穷的时候，你就越会做一些关于生存的决策，就越不会考虑长远赚钱的事情，最后的结果就只会越穷。而当你越忙的时候，你就越没有时间去想，而越没有时间去进行长远的考虑，最后也只会让自己越来越忙。

这就像是一个个的死循环，将我们套进了这样一个又一个的局里面，直到最后将我们死死地困住，动弹不得。而想要打破这样的死局，只有学会破局，让我们每个人都拥有破局思维。打破自己现有的思维，通过学习，让自己进入一个更大的系统，看到外面一个更广阔的世界。就好比之前说的，钥匙被关在了房间里面，你想要进去并不一定非得把门撞破，你可以打电话让开锁公司来开门就好了。又如，没有第一桶金就真的创不了业了吗？现在的时代，风投渠道这么多，我们完全可以拿着自己的项目去找投资。如果忙到没时间去学习，生活压力不算大的情况下，完全可以选择辞职，然后多花时间来提升自己。生活压力特别大的话，也可以多留意我们工作中那些比自己厉害的人，时刻向他们学习，因为我们的工作本身也是一种学习的过程。

亲爱的宝贝，你看，原先我们的生活里只有钥匙和房间，但是现在却多了开锁公司。原来我们也只有创业和第一桶金，现在却多了投资。所以，亲爱的宝贝，是我们原来的生活扩大了，是我们原来的局扩大了。而这种扩大，很多时候，就算我们不主动，时代却会带着我们被动接受。

很多时候，很多人其实很清楚自己目前所处的局，但是往往却选择了视而不见，只是将问题放在那里不管。所以，亲爱的宝贝，你得问问自己，你的目标是什么？一个人只有明确了自己的目标所在，才能知道自己想要追求的是什么，也才能明确自己的下一步行动。

有一个朋友曾经在一个世界500强的公司做过人事工作，有一次聊天的时候，聊到这样一个话题：他们公司每年都会对下面的员工进行测评，结果发现，在公司里面表现最好的、最受猎头青睐的员工往往并不是有一肚子想法的人，而是行动力超强的人。所以他们在招人的时候，通常会着重考察应聘者的执行力。他们或许并不是那种最有创意的，却是最善于将创意转化为产品的那种人。所以，亲爱的宝贝，有了明确的目标之后，我们需要的就是优秀的执行力。亲爱的宝贝，成大事者不纠结。古往今来，但凡获得成功的那些人，都是执行力超强的行动派，他们很少纠结，只要想到一件事情就会立刻去行动。然后在行动的过程中去修正问题、解决问题，而不会设想着等到所有的问题都解决了再去开始行动。

所以，亲爱的宝贝，我们的人生就是这样。一个人能抵达多远的目标，归根结底都取决于他做了什么，而不只是简单地筹划了什么。其实道理也很简单，亲爱的宝贝，我们的时间如白驹过隙，如果你不相信努力和时光，那么时光就会在第一时间辜负你。只有活在当下、立足当下，不去否定自己的过去，也不用曾经的过去牵绊住自己的未来。这样，我们的人生才会变得越来越有希望。

你的格局决定了你的未来

什么是格局？我们都说，做人格局一定要大，只有一个人的格局足够大，才会有可能成功。那什么才是格局？

记得曾经听一个同事说过她初中的时候发生过的一件小事，那是一个寒冬的中午，外面风雪交加，同事不想自己出门去吃饭，很想吃一份零食，就点了一份鸡翅外卖。没多久，外卖准时被送到了家里，却被她的父亲撞见了。于是，她父亲狠狠批评了她一下，不是批评她点外卖，而是批评她浪费人力资源，觉得她只是点了一份小小的鸡翅，大可不必让别人冒着风雪前来，造成社会人力资源的浪费。当时，听完同事的故事，我的第一反应便是：她父亲的格局真的好高。

什么是格局？百度百科上说，格局是指一个人的眼光、胸襟、胆识等心理要素的内在布局。俗语说：再大的烙饼也大不过烙它的锅。意思是说，或许你可以烙出一张很大的饼，但是前提是你拥有一口能够烙出很大饼的一口锅。而这口锅，我想，就是我们个人的格局。其实很好理解，一个人的发展往往会受到局限性，这个所谓的“局限”其实就是个人的格局。都说，谋大事者必要布大局，对于我们的人生这盘棋来说，很多时候，我们首先需要学习的其实不是技巧，而是布局，其实也类似于我们的父辈所说的：做事，要首先学会做人。当一个人拥有足够大的布局的时候，他能以一个最大的视角切入自己的人生，力求自己能站的更高、看得更远、做得更大。

亲爱的宝贝，如果将我们的人生比作一盘棋的话，我们人生的格局就是由这盘棋的格局所决定的。而想要赢得人生这盘棋的胜利，你我都知道，我们需要把握住这关键的棋局。就像在棋局中的“弃车保帅”“飞象跳马”，我们人生前进的每一步其实也是下的每一个子。只有那些有着先予后取的度量、统筹全局的高度、运筹帷幄而决胜千里的方略与气势的棋手才能最终赢得这盘棋。就像有人曾经说过的那样：成长的关键问题在于自己给自己是否能够建立足够好的生命格局。所以，亲爱的宝贝，一个人的格局太小，必然只能让自己在这个小小的格局里发展，即便再优秀，如果不能突破这个局限，恐怕也难以取得多么大的成功。在今天这个知识不断更新的世界里，我们需要做的就是不断地刷新自己的知识结构，帮助自己尽量酝酿一种更大的胸怀，让自己能跳出曾经的局限，不断发展。

亲爱的宝贝，可以这么说：拥有着什么样的格局，一个人往往也会有着什么样的命运。这并不是耸人听闻，而是有着超多事实被证明的一个真理。在我们每个人出生的时候，就像是一颗等待被种下的种子，如果你被种在了花盆里，你最多只能长到半米多高；如果你被种在了一口缸里，那么，你最多也就只能长到一米多高；但是如果你被种到了外面的庭院里，我想，你能长到四米以上。所以，你看，亲爱的宝贝，这就是我们的格局。一个人的格局不够大，碰上一点小事，就会因为这些不如意而怨天尤人，一筹莫展。看待所有的问题就常常是一叶障目不见泰山，最终只能成为一个碌碌无为的人。这样的人生，我想，即便成就再高应该也会很有限吧。

亲爱的宝贝，我们的人生所能到达的高度，往往就是你在心理上为自己选定的一个高度。如果你的心里从未认定自己能到达顶峰，那么我想，你的人生应该也很难会获得成功。因为你已经被自己的思维局限住了。很多时候，我们之所以会痛苦和迷茫，往往就是因为自己的方向不明。挫折是我们人生经历的一个必然过程。所以，亲爱的宝贝，千万不要将自己的格局限制在一个失败者的位置上。人生中的很多痛苦其实都是一个必然需要经历的过程，没有人能幸免。而如何对待这些挫折，格局不一样的人必然会有不一样的应对措施，而这也正是人生各不相同的原因所在。

所以，亲爱的宝贝，一个对自己定位较高的人必然不会让自己每天得过且过，他们不仅有胸怀大志，还会让自己从身边的点滴小事做起。为了明天的成功，让自己耐住今天的寂寞，学会集中精力支配自己的时间。亲爱的宝贝，格局其实并不是什么不可改变的先天性的东西，他和你目前的人生环境或许会有一点关系，但更是你对于自己人生坐标的一个定位。很多时候，只要我们能调整心态，就一定能为自己建立好一个更大的格局。亲爱的宝贝，在这个信息大爆炸的时代，所有的知识和技能都会是我们发展的内力，而合适的平台和丰富的人脉就会是我们日后飞翔的羽翼，如果你能拥有一个较大的格局，从长远出发，学会让自己的每一天都处于一个上升的阶梯上，那么我想，未来的成功与大发展将不仅仅只是一个梦想。

热情对待每一个机会

大一时，同学们一般都会选择加入学生会和一些社团。我也很想加入一些社团，但后来，通过这些社团的面试，我才发现自己有多么普通，甚至可以说有点差劲。我没有任何的过人才艺，也不懂圆滑的面试技巧，长得一般般，一眼看上去还有点傻傻呆呆的。以至于我报名的好几个社团的面试都没有通过。

我挺沮丧的，而且还是一种非常无力的沮丧，因为我觉得自己在短时间内根本无法改变这个现实。但是，很快我就调整了自己的心态。既然这些差距是之前已经形成的，我也无法改变。好的部门进不去，我就去进一个自己能进去的社团。后来，我顺利进入了学校的外联部，因为这个部门的主要活动就是为学校的各种活动去周围拉一些赞助，大家都不太愿意干，所以我没有费什么周折就进去了。

很快，我们学院有一场迎新活动，需要一些赞助。新加入社团的学生都不太愿意做，于是我就一个人花费了整个周六周日的时间，将学校周边和市区的所有店都跑了一遍，成功为这场活动拉来了一笔不小的赞助。就这样，我成功引起了部门负责人和学院老师的注意。后来，我就成了下一届的外联部负责人，变成了学生干部。大三下学期的时候，也因为较高的得分顺利得以保研。

我们学校在大二的时候就开始跟同专业的一些优秀企业进行合作，其中有一个企业算是我们所有同学都渴望毕业以后能进入的单位。如果能在就读期间，就成为他们公司的实习生，不仅能在上学期间赚得工资，还能得到更多的锻炼机会，毕业之后或许还能顺利转正，留在这家公司。也因此，这家企业过来招收实习生的时候非常严格，有一轮笔试和两轮面试，整个年级也就只有10个名额。

大一下学期的时候，这家企业第一次从我们设计系选人，只要5个，我笔试的第一轮就没有过。但是我很渴望自己能得到这样的机会，因为在这里，我知道自己能接触到更优秀的人。落选之后，我开始研究他们的这个考试，首先是笔试，认真准备一下专业知识，应该是没有什么问题的。面试的话，通过咨询，我发现除了企业的面试人员，还有我们学院内的老师参与。我知道，一般大家对于自己更为熟悉一点的人，无疑是会多少给出一点高分的。于是，我打听到了参与面试的老师，等到老师需要帮忙的时候，我就积极地去帮忙。并且，我还选修了这位老师的一门课程，课堂上积极听讲，偶尔还会请教问题。最后的考试很公平，每一项都会有打分，但是我觉得不管怎样，他们如果对我印象还不差的话，如果能够稍微给我多打哪怕1分，或许就能增加一下我的竞争力。

于是，大二的第二次考试，我就过了，顺利进入了这家企业成为一名实习生。就这样，我的整个大学生活都过得很充实，得到了作为一个学生应该有的机会，等到大四毕业的时候，自我的专业能力自然比大一的时候要强了许多。

亲爱的宝贝，你看，无论在任何时候，我们其实都应该保持一个积极向上、热情主动的思维。当你不害怕丢人的时候，就是你已经走出了那段单纯岁月的时候。这样，等到你回头看曾经的自己的时候，你也可以自嘲。然后你会发现，别人也早就忘了最初的你，只记住了现在的你。回到曾经的起点的时候，我几乎是最低的。这种“最低”，源自我的家庭，源自我父母的家庭，但我无从抱怨，因为他们已经尽他们的所能给了我最好的一切。所以，我知道，剩下的唯有靠自己。回想这一路走来，别人的冷眼和不热情，甚至是看不上，我其实都已经习惯了。但我并不会将这些负面影响放在心里，我知道，我终究还是会得到我想要的一切。你可以讨厌我，但是却不能忽视我，因为如果我们有了相同的竞争，我和你正在竞争同一件事情，我绝对会是你一个强有力的竞争对手。

亲爱的宝贝，或许你和我一样，都是一个来自农村，读了一所普通的大学，外表普通，先天没有太多优势的人。但是，亲爱的宝贝，我们还是能有所选择，能选择积极向上，保持热情，抓住身边的每一个机会，让它的作用发挥到极致，然后再去够到一个更大的机会，再将它发挥到极致，一步一步地帮助自己到达更高更远的地方。亲爱的宝贝，或许对于很多更优秀的人来说，我们奋斗一辈子能到达的终点也只是人家的起点，但是对于我们自己的人生来说，我们能遇见自己，知道自己想要什么，然后保持热情，积极争取，在自己能争取的范围内做到最好，这样的人生，也就足够了，不是吗?

有创见，人生才不平凡，不凡的念头成就不凡的事业。

人生在世，我们每个人都有属于自己的信念和坚持，并靠着这些不同的选择去努力成就属于自己的不平凡。许多各行各业的成功人士，虽然他们从事的职业和行业背景不太相同，但是对于成功，每个人却都会有较为相似的认知。同时，每个人也都会有一些同样不会相信的事情。所以，亲爱的宝贝，一个人的想法与他的成功与否其实有着很大的关系，所谓的意识对我们的物质有着非常重要的影响力。只有学会拒绝接受一些既定的思维，让自己的头脑充满活跃，才有可能去成就我们不平凡的人生。

很多时候，我们都会有这样的错误认知，似乎我们所有的不成功都来自别人。或许的确，这一次的失败源自别人浪费了一次本该属于你的机会，否决了一个原本能成功的点子，或者拿走了原本属于你的东西等，这样的客观事实的确会存在于我们的生活中并时刻成为阻碍我们获得成功的突发意外，但不幸的是，亲爱的宝贝，这其实是一件相当正常的事情。我们就是没有办法控制住别人，没有办法控制别人的行动，更没有办法控制他们的想法，所以，亲爱的宝贝，在无法对别人有足够掌控力的前提下，我们需要学会的就是控制自己。无论何时，都学会在自己的身上寻找错误，这才是一个聪明人的思考方式。或许有时候，我们的确会因为很多的外部因素导致了失败，但多数的时候，失败的根源还是在于自己。这时，亲爱的宝贝，其实我们无须气馁，因为所有的成功人士都经历过无数次的失败，他们之所以现在会比你成功，也就是因为曾经比你失败了更多的次数。所以，亲爱的宝贝，让自己学会拥抱失败，承认它的存在并深刻反省我们在这其中疏忽，在下一次的时候，尽全力地对自己的事情更加负责，你就会发现事情的不一样。我们需要用客观的心情对待生活中的所有失败，弄清楚既定事实的前提之下，永远都不要觉得都是别人的错误，学会反省自我并不断总结，我们的人生才会不断地进步。

每当听到有人说“如果我知道有晋升的机会，我当初一定会愿意工作更努力”，或者“如果我知道我的创业公司会取得成功，我当初一定会很愿意在上面花费更多的时间”，又或者“如果我当时知道会有这么大的回报，我一定会愿意做出一些牺牲和妥协”。这样的如果和当初，我们每个人或许都会经历过好几次，然后每每在回忆的时候，都会充满悔恨和懊恼。但是，亲爱的宝贝，你所看到的那些获得成功的人其实都是首先通过努力工作，然后才被认可、被升职加薪。成功的商业总会通过创造更大的价值来赢得收入，所以你看到的各行各业的成功人士其实都是通过在还看不到潜在回报的时候付出超乎常人的努力才得到更大的产出的。人生所有的这些成就其实都需要我们通过付出自己的努力去获得。所以，亲爱的宝贝，想要获得成功，首先我们要有明确的目标，然后确认自己对于成功的定义，然后想想你愿意为它付出什么，并朝着这个目标，不断前进。

亲爱的宝贝，我们每个人都拥有同样公平的时间，不同的是，我们每个人如何利用自己的时间。有的人或许会给自己的每一天都列出一份满满当当的日程表，然后严格要求自己，按照时间计划不断往前推进；有的人却认为“计划赶不上变化”，所以总是随性自我，不到万不得已，绝不会按照日程走。所以，亲爱的宝贝，不要太过依赖你的时间计划框架调整你的付出，而是学会尽快有效率地做好每一件事情，然后再利用你的空闲时间同样尽快并高效地完成其他的事情。所以，亲爱的宝贝，永远都不要觉得是时间控制住了你，而是让自己学会去控制自己的时间。只有学会掌控自己，转变自己的思维，我们才有可能抽出更多的时间来提升自我，不断进步，直到最后获得成功。

亲爱的宝贝，任何人在没有成功之前，都是一样的普通并且平凡。很多时候，我们总是想当然地以为成功人士一定会有某些我们所没有的无形的超能力，如源源不断的新点子，又如天生的才能、技巧、创造力思维等，但其实，很多时候你会发现，这些想法或许你也曾经有过，只是你并没有获得成功，所以你的这些才能也并没有被知悉并显示出来。

所以，亲爱的宝贝，很多时候，你需要的并不是天赋，而是自己，一个能为成功决定全力付出的自己，因为这才是我们获得一切的源头。所以，亲爱的宝贝，想要让自己获得成功，就必须学会转变我们的思维，永远不要去想那些你没有的东西，而是专注于你所拥有的东西。并且，在这些方面，付出比别人更多的努力。而这，或许就正是上天赋予你的独一无二的天赋。

也许，他们只不过比你早成功一步

不知你是否认可这样一个道理：很多时候，人与人之间的差距往往并不在于天赋，也不在于能力，而往往在于，当别人正在一点一滴往前进步、不断成长的时候，我们却放弃了自我的成长。于是，用不了几年，我们在工作上就很难有长进，不光职位薪酬停滞不前，就连平时的生活中，我们也缺乏独立的思考和判断，经常深陷于各种朋友圈的谣言中而无法自拔。而更为糟糕的是，这种情况或许还是被动的，因为我们往往身在其中，无法察觉。

有了孩子以后，我一直非常注重自己在孩子面前的举动，也因此变得更加自律了一点。不为别的，就怕某一天，当我教育孩子要多学习多看书的时候，我的孩子反驳我说："你自己都不学，除了打麻将就是看电视，有什么资格说我？"很多时候，都会听到有人说："其实，我也很想学习，但是学习需要环境氛围啊。现在我已经不在学校里了，根本没有完整的时间能让我静下心来学习呀。"其实，亲爱的宝贝，让自己不学习的理由有很多，当你已经为自己找到一个理由的时候，你便更会心安理得地得过且过，即便年初明明立下了要读30本书的计划，等到年末的时候，书还始终停留在第一页。其实，亲爱的宝贝，很多时候，不是你做不到，而是你不想，你没有找到更合适的方法。

记得曾经在知乎上看到过这样一个提问：“我读过很多本书，但是后来大部分都忘记了，那么阅读的意义到底是什么呢？”下面的回答中，有一个令我至今印象深刻：“当我还是个孩子的时候，我吃过很多的食物，大部分已经被我忘掉了，但是可以肯定的是，它们中的一部分已经长成了我的骨头和血肉，帮助我变成了今天的自己。那你要问，小时候吃饭的意义是什么吗？”亲爱的宝贝，确实，阅读对我们的改变和影响应该也是如此。或许，你早已经忘记了自己曾经读过什么样的书，或许读书也并不会给你带来立竿见影的效果，但是潜移默化地，那些你曾读过的书里面记住的内容变成了知识，忘记的内容变成了你的气质。

就像在网络上大火的一名来自天津的小姑娘，年仅6岁就已经能认识4000多个汉字，而且还熟读经书100多本，更让人佩服的是，人家不光会认字，更能学以致用，出口成章。小姑娘去参加才艺表演，一上台便抱拳对台上的两位主持人说道：“小女子来自天津，常闻二位盛名，不曾相见，时常渴慕。今日得见，兄台气宇轩昂、温文尔雅。阿姊明眸善睐、绝代风华，果然名不虚传，不胜荣幸。”或许，有人会说，这段开场白一定是提前背好的，但是当你看到小姑娘在舞台上对古诗词的背诵和理解可以用信手拈来形容的时候，你便很难相信，这一切居然出自一名年仅6岁的小小姑娘。小姑娘自己在台上说，虽然她才6岁，但是早已经读过《黄帝内经》《易经》《大学》《中庸》《论语》《孟子》《三字经》《弟子规》等。于是，节目一经播出，小姑娘立刻就成了网络小红人，有人还拿她和《中国诗词大会》的冠军武亦姝一同比较，甚至也有人将小小年纪的她誉为“下一个董卿”。

亲爱的宝贝，读书和不读书的人真的是不一样的；读书少的人和读书多的人，也是不一样的。很多时候，我们的外表或许可以通过后天的改变来弥补，但是头脑中的空白却是无法掩饰，也无从掩饰的。所以，亲爱的宝贝，不要再问读书的意义是什么，花出时间去做、去阅读，然后你会发现，知识需要积累。当你能坚持学习，让自己的知识如同滚雪球般越滚越大的时候，你最终能获得的收获和回报，终有一天，就会远远超出你的想象。

亲爱的宝贝，我相信，没有一个神童是一下子就能形成的。就像在舞台上惊艳众人的小姑娘，她肯定也是一本书一本书地读下来，一首诗一首诗地背下来的。而她的气质和谈吐，必定也是在这样的阅读中，一点一点培养起来的，直到最后化茧成蝶，变成了众人交口称赞的“神童”。

亲爱的宝贝，或许你总是期待着某一天来一个惊天动地的仪式，能让我们脱胎换骨，就像武侠小说里面的渡劫，仿佛人生所有的蜕变都应该有一个特定的仪式。但其实，亲爱的宝贝，很多时候，能改变我们一生的并不是那些你听说过的大道理，而是我们日常生活中的一些小习惯。当你开始做出改变的时候，你就会发现，曾经你所轻视的这些细微改变，却正是令你变成理想模样的基石。因为，那些你曾读过的书，那些你曾见过的世面，默默地都已经变成了你人生的营养，变成了你的骨和血，变成了你越来越优秀的能力来源。所以，亲爱的宝贝，从现在开始，做出改变，坚持下去，下一个成功的就一定会是你。

最好的投资，就是投资自己

我们经常会听到这样的表述：“投资自己才是一个好投资”，或者“投资自己是最好的投资”。那么，怎样才叫作投资自己呢？投资在自己的哪些方面才是我们真正需要的呢？我们又该如何投资自己呢？

在回答这些问题以前，我想先讲两个故事。

先说我个人，其实我也并不是在特别富有的家庭中长大的，直到现在，我也并不算是一个很会赚钱或者很会理财的人，但是细细想来，从我读书到毕业再到走入社会，好像从来就没有过在需要消费的时候捉襟见肘的情况，个人认为自家的生活品质也是在一年年逐步提升，从没有过为了生计特别委屈自己的情况。想来，我人生的不失败来自我成功的消费理念，我虽然不懂得理财，却很会为自己仅有的资金做出一些切合时宜的计划。我发现，毫无计划性地刷爆卡和有计划、有针对性地付出某笔资金，虽然听着同样都是在消费，但是却会给我们两个截然不同的反馈。前者是恢复理性后的自责，后者却是长期积淀后的积极回报。所以，亲爱的宝贝，并不是所有的消费都不能称为投资，严格意义上来说，我们所做出的任何一个投资都可以被称作变相的消费。而我相信，一些正向的消费完全可以变成一种我们在自我身上的能有所回报的“投资”，不仅能帮助我们提升眼下的生活品质，更能让我们逐步靠近更好的生活，找到属于自己的理想世界。

再说我的朋友阿语。阿语拥有着一份令人光听名字就会很羡慕的工作：“旅行博主”。因为做这份工作，年仅24岁的阿语就已经走过了超过37个国家的375个城市，并且从没有要过家里的一分支持。而阿语之所以能实现自我逆袭，做这份让自己引以为傲的工作，完全源于当初她的一项投资：将自己的全部收入都拿来投资在了旅行上。

阿语说，旅行应该算是她能拥有的最昂贵的一份“奢侈品”。早在大学生涯的时候，阿语就一直憧憬着全世界的美景，但是却摆脱不了囊中羞涩的尴尬。因为阿语的父母认定的教育方式就是“孩子不应该太过娇生惯养”，所以，他们每个月只会给阿语基本的生活费，阿语想要出去旅行、想要出去游玩，就只能通过自己付出劳动去换取。

后来，阿语为了能去南美游玩，选择在一家中餐厅里打工，每天靠着小费盈利，每周打4天的工，每天不是上课就是去实验室，或者是去中餐厅打工，然后再回宿舍去写作业、睡觉……这种辛苦和枯燥其实是阿语这个年纪的姑娘难以承受的。但是等到阿语拿到薪资，终于攒够了去南美旅行的经费的时候，阿语对旅行的渴望和义无反顾让她明白，这一切的努力都值得。就这样，阿语在不断独自旅行的经历中学会了与自己独处，学会了成为一个强大并且更坚定的自己。阿语说，旅行的时候她可以不必是任何人，可以不必是别人的女儿、别人的同学、别人的朋友，只需要成为自己，成为一个凡事自己做主的真正的自己。通过旅行，阿语找到了越来越强大的自我，也开始意识到这种一直行走的状态并不只是源自她一时的兴趣，她可以为此付出自己一辈子的时间。最终，这种在旅行上义无反顾的投入不仅让她开阔了眼界，更让她找到了“旅行博主”这样一份更能提升自我价值的工作。

阿语记得自己通过旅行赚得的第一奖品只是一个航拍仪，但是随着阿语当成爱好般记录下的旅行片段在社交网络上获得越来越多的关注，越来越多的品牌找到了阿语，希望她能为他们做出一些推广。就这样，不知不觉，阿语成了一个专职博主，拥有了一份令人艳羡的工作。回想起来，阿语说，这一切都源自她自己始终是一个知道如何“投资”才是最值得的人。

亲爱的宝贝，提升我们生活品质的方式有很多，学会投资自己，为自己的兴趣而不是别人的目光埋单，就是其中最快乐的一种。因为说不定哪一天，你就能像阿语一样，首先付诸世界一份热情，世界也回报你一份值得被肯定的价值。

亲爱的宝贝，无论是攒钱、省钱还是拼命赚钱，其实都不及“会投资”来得重要。而这个会投资，很多时候，都在于自我投资，即花钱提升自己、完善自己。很多时候，我们很多人终其一生都会在为钱所苦，似乎永远都在弥补金钱的黑洞，他们节衣缩食都是为了买车买房，抚育子孙后代，却往往忽略了投资自我。亲爱的宝贝，如何学会利用现有的资源进行自我完善其实比接受教育来得更加重要，学会将钱真正地用在自我投资上，也才是我们这一辈子都需要做的一件事情。

亲爱的宝贝，我们的人生都是属于自己的，除了我们自己，没有人能为我们的人生负责，更没有人能代替我们过好一辈子。所以，很多时候，我们舍不得花下的那份钱，如果能被用在对的地方，不光能让我们遇见更好的自己、成为更好的自己，更能让我们发掘出无限的潜能，提高自我的竞争力。这样，当我们遇见了最好的自己时，整个世界也会为我们喝彩。而当我们越强大的时候，我们也会发现，世界也就越公平。

参考文献

[1]汤木.将来的你，一定会感谢现在拼命的自己[M].天津：天津人民出版社，2019.

[2]张德芬.遇见未知的自己[M].北京：华夏出版社，2019.

[3]陈志宏.自信，放大你的优点[M].延吉：延边大学出版社，2017.

[4]俞敏洪.愿你的青春不负梦想[M].长沙：湖南文艺出版社，2017.

[5]鱼樵.你必须很努力，才能看起来毫不费力[M].南京：江苏凤凰文艺出版社，2016.

[6]沈善书.你不努力，就别怪世界残酷[M].南昌：百花洲文艺出版社，2016.